建筑快题设计

实用技法与案例解析

郭亚成 王润生 王少飞◎编著

《建筑快题设计实用技法与案例解析》是一部快速进行建筑设计的经验与方法的指导性教案。作者从探究设计的内在规律入手，分别从建筑快题设计的特点、常见问题、表达方式等方面来阐述如何完成一个优秀的快题设计作品，并结合大量范例加以明晰透彻的解析。

本书适合建筑学、城市规划及相关专业的师生使用，对参加硕士研究生及博士研究生入学考试的专业内与跨专业考生具有很强的指导作用，也适用于就业时应聘用人单位的快题考试，以及工作中快题式方案设计与表达。

图书在版编目（CIP）数据

建筑快题设计实用技法与案例解析 / 郭亚成，王润生，王少飞编著. — 北京：机械工业出版社，2012.7（2014.3重印）

ISBN 978-7-111-39013-8

Ⅰ. ①建… Ⅱ. ①郭… ②王… ③王… Ⅲ. ①建筑设计－高等学校－教学参考资料 Ⅳ. ① TU2

中国版本图书馆 CIP 数据核字 (2012) 第 144129 号

机械工业出版社（北京市百万庄大街 22 号　邮政编码　100037）

责任编辑：杨少彤

封面设计：饶　薇　　　责任印制：乔　宇

北京画中画印刷有限公司印刷

2014年3月第1版第2次印刷

250mm × 250mm · 10印张 · 150千字

标准书号：ISBN 978-7-111-39013-8

定价：58.00元

凡购买本书，如有缺页倒页脱页，由本社发行部调换

电话服务	网络服务
社服务中心：（010）88361066	教材网：http://www.cmpedu.com
销售一部：（010）68326294	机工官网：http://www.cmpbook.com
销售二部：（010）88379649	机工官博：http://weibo.com/cmp1952
读者购书热线：（010）88379203	封面无防伪标均为盗版

前言

建筑学快速设计是业内工作中的常态方式之一，也是建筑设计教学中的一个重要组成环节。随着社会用人单位对选拔人才标准的日益提高，以及在筛选优秀建筑学人才的硕、博考试里对快速设计考试的重视与改革等多方面的硬性需求，建筑学专业的学生、青年建筑师和有志从事建筑设计的跨专业者越来越认识到其重要意义，并逐步强化着自己的快速设计水平，使其成为自己的看家本领。

基于多年建筑学快速设计教学和工程实践中的切身体会，编者深感快速设计在该专业领域里的地位与作用，它不仅是时代和社会发展对建筑师的技能需求，也是一种业内选拔人才常用的手段和方法，更是一种培养建筑设计师专业素养与功底的重要途径。在此基础上，编者在青岛理工大学建筑学院教学一线的广大同仁悉心协助下，以及这些年来对2~5年级建筑学专业及跨专业考研学生快速设计作品的评图与改图中，提炼出具有典型代表的建筑类型进行分类剖析讲解，并对本书的文字理论部分历经多次推敲与改进，力求表述做到深入浅出，且易学实用，同时对本书的图示图例也是从示范性、代表性和启发性等多方面进行比较与筛选，在不断优化且推陈出新的基础上注重其时效性与新颖性。

编者希望阅读该书的广大学生及青年建筑师不仅从中获得的是应对专业考试的技巧和经验，更希望从中培养和形成建筑学专业特有的分析问题与解决问题的思维模式，以及相应的专业表达方式。最后，编者恳请广大读者对本书之中的不妥之处，能够不吝赐教并表示由衷地感谢。

目 录

课题 1
绪论

1.1 熟练掌握快题技能的意义

毋庸置疑，对于建筑学专业以及跨专业报考建筑学专业的学生而言，快题设计已成为本科阶段建筑设计专业课程设计内容和报考硕士研究生、博士研究生，求职于多数设计院、地产公司，以及未来注册建筑师资格考试等方面的必考内容与考察重点。大家在今后的学习工作中，鉴于市场的需求和竞争，建筑方案的问世大多采用快速设计与表现的方式，而建筑学专业的升学和求职快题考试又是相对最能真实反映学生及求职者的专业综合素养能力的有效方式。因此，大家在平时的学习中，应有意识地加强快题设计的学习与训练，并力争使其成为自己的看家本领之一。

1.2 快题图的评分标准

需在先声明的是本评分标准适用于本科阶段快题教学课程设计作业、多数硕／博士研究生的入学快题考试，以及多数设计院和地产公司等的招聘考试等内容，但不能完全作为注册建筑师资格考试里快题的评分标准与模式（注册建筑师资格考试大纲中关于快题有其侧重点与要求）。

第一步：学生或考生的快题图全部上交后，阅卷老师将根据图面整体效果进行分类归档。鉴于所有快题图的数量、规定要求和评分分档的不同，通常分为 3～5 档。3 档主要是将图面整体效果相对最好和最差的两档筛选出来，余下即为中间一档；5 档基本是按百分制，根据图面整体效果筛选出 90 分档、80 分档、70 分档、60 分档和不及格档。

第二步：将分档后的图分别审阅，主要评判是否符合任务书的基本要求，平面功能是否合理，总图设计与周边环境是否协调，平面与立面、透视是否吻合，剖面设计有无基本构造问题等。根据以上几方面内容来判定该档的快题图在几分档（如 90 分档、80 分档），分值在此基础上进行加减，一般控制在 10～15 分以内，除非出现明显的失误与"硬伤"等情况会加大分值的削减，如与用地地形不协调、功能分区明显不当或是出现严重抄袭等情况。

第三步：进入细部审阅阶段，针对平、立、剖、总平面与透视图等部分，分别检验是否出现诸如遗漏指北针、剖切符号、标高、高差线、投影线、停车位、房间名称、房门朝向、楼梯画法及技术经济指标等相对细节上的处理。通常按照遗漏一处扣除0.5～2分等小分值的标准进行。

综合以上三步的评判得分即为该快题作品的最后成绩。

1.3 应试快题的努力方向

首先，快题考试应注重整体思维的调控，快题图图面整体效果的把握和塑造是考查的重点内容之一，即第一印象的重要性，这主要体现在构图的均匀性与饱满度，以及色彩的搭配与呼应等。

其次，虽说在平面布局、总图设计、剖面设计以及其他一些细部的处理上相对容易掌握和控制，但也需经过一定的训练养成良好的绘图习惯与严谨作风，否则细部问题上积少成多，会给阅卷老师和评图人员等留下粗心大意的不良印象，这也是我们建筑学专业素养里比较忌讳的一种表现。

再次，与建筑概念设计及建筑竞赛的思维区别。快题考试主要是综合考查学生的专业基本功与素养，即对设计任务处理的适应性与熟练度，绘图表达程度，表现手法及对时间掌控能力等方面的检验，而非追求方案本身如何的新颖出众甚至超凡脱俗，以及思想理念的深刻性。试想，在建筑设计竞赛中的概念与想法几乎都是经过反复论证推敲，岂受几小时的约束？

总而言之，我们应该明确快题考试要求的是什么，以及希望能看到的是什么之后，才能有针对性地进行有计划、有步骤和有成效的训练。目标清晰后的努力方向便可直指目标，否则有时往往会事倍功半。

课题 2
分析任务书

虽然考试时间通常较紧，但分析任务书，即审题这一环节不得仓促为之。连题目都还没有读懂吃透，有时往往会徒劳做无用功，费了劲但不讨好，甚至南辕北辙，等到发现时，悔之晚矣。快题考试与平时的建筑设计课程内容最大的区别之一就是快题考试的过程几乎对应考者而言都是一条“不归路”：平时做设计作业可以反复推敲和多次否定，但在快题里，如果审题时疏忽，而考试途中幡然醒悟发觉出现了“硬伤”等情况，可以否定之前的工作量而重新开始吗？时间允许吗？即使时间允许，那接下来占用的也是快题过程中后半段里本应做某部分的时间，不论从实际用时、心理情绪还是图面效果等方面而言，都会多少受到不同程度的影响。因此，拿到快题考试任务书后，一定先把题目要求明晰后，方才可进入有针对性的设计环节。分析快题任务书，可从以下几方面切入或者开展。

2.1 估算建筑层数

根据任务书中提供地形图里的基地数据（用地红线和建筑红线的尺寸数据）和建筑规模的要求，通过基地面积、建筑面积和合适的建筑密度（一般 40%~50% 左右为宜）大体估算出所做建筑需要几层。例如题目给出基地面积为 1500m^2，建筑面积为 2000m^2，由此我们可估算出所做的建筑为 2 层，局部 3 层。

2.2 划分“功能泡”

虽然建筑类型有多种（如文教类建筑、观演类建筑、博展类建筑和餐饮类建筑等），但基本都可以从整体上归纳为使用、后勤和管理这三种“功能泡”（见图 2-1）。我们拿到任务书，在估算出所做建筑大体需要几层之后，接下来就是在任务书地形图中的建筑红线范围内摆放这三种“功能泡”的位置。

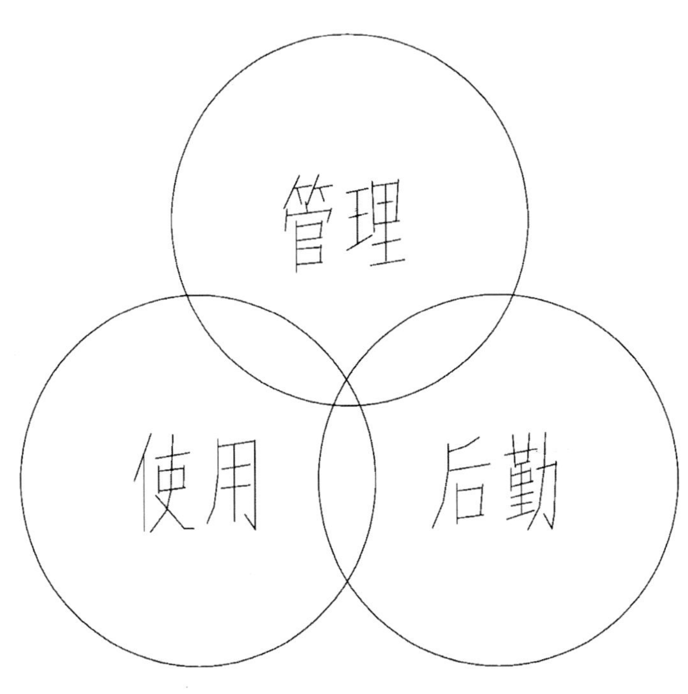

• 图 2-1 功能泡

例如，在该用地红线内建一幼儿园，使用、后勤和管理这三种“功能泡”在建筑红线里的相对位置如何摆放较为合理，使用部分位于东南或是西北哪个位置为宜。该例的使用部分即为幼儿活动室、活动场地和寝室等，应朝南布置，且南侧景观最佳；后勤部分为厨房、储藏室和卫生间等，应布置在朝向次要、下风向、接近街道（噪声大，汽车尾气等造成的空气较差）的西北角，位置本身也起到屏障作用；管理部分有晨检室、接待室、值班室、办公室、医务保健室和隔离室等，根据建筑入口前场地的空余程度以及西、北两侧距离街道转角处的远近程度综合考虑后，宜布置在中上位置偏东北侧较为合适。另全园需设置公用活动场地，含 30m 直跑道（长轴应南北向），位于基地东南侧为宜，朝向景观俱佳（见图 2-2）。

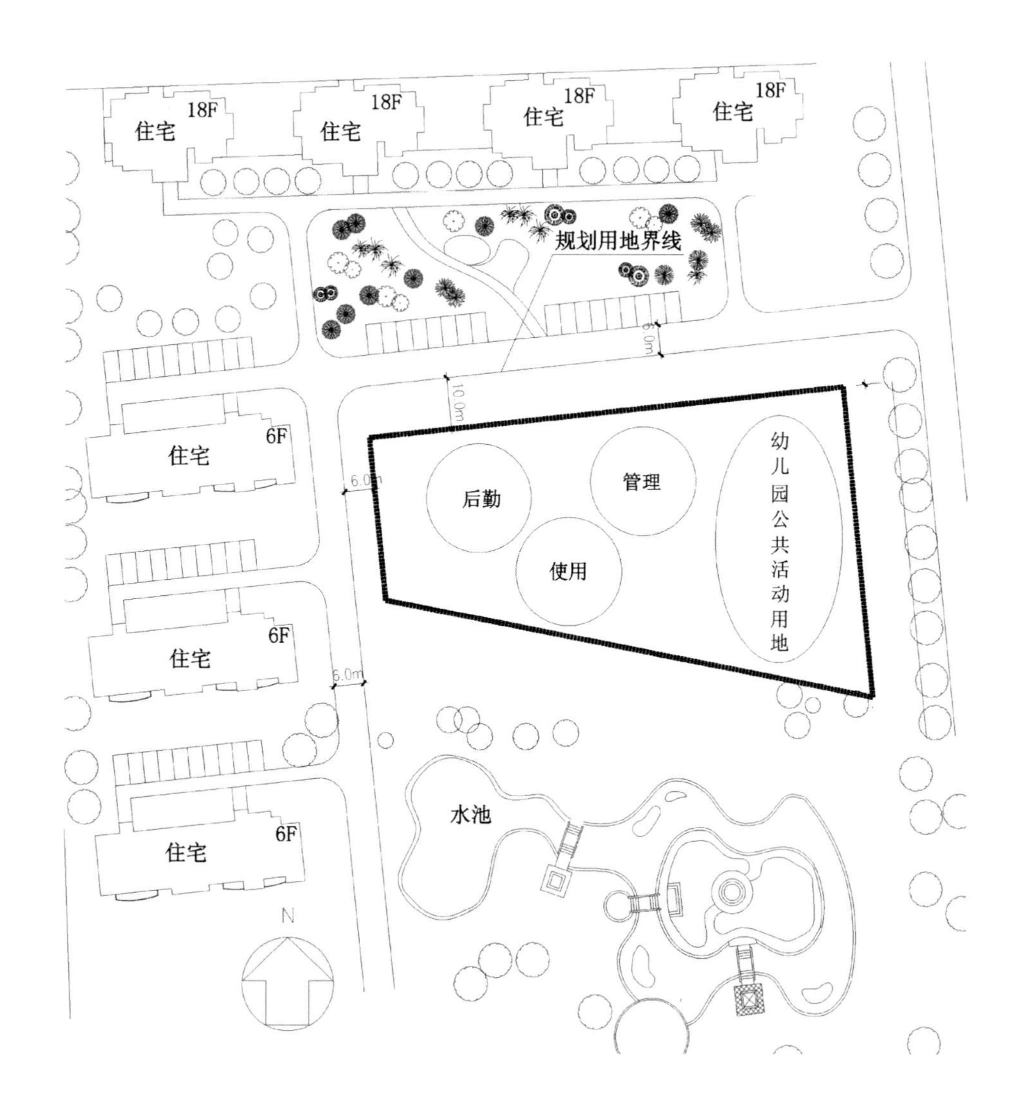

• 图 2-2 功能泡在用地内位置示意

2.3 任务书给定地形图中场地设计需考虑的内容

①结合道路等级和便利程度等因素确定主、次入口的方位；②机动车停车位的位置（快题里的每个停车位尺寸按 3m×6m 绘制，两排停车位之间的过道宽度按 6～7m 计）；③绿化率维持在 30% 以上；④地形是否存在坡度和高差，等高线的疏密区域的可用性；⑤建筑平面外墙与用地地形的呼应性；⑥地形图里有无水景，用地范围里能否引水；⑦建筑红线里有无古树；⑧周边有无可利用要素。

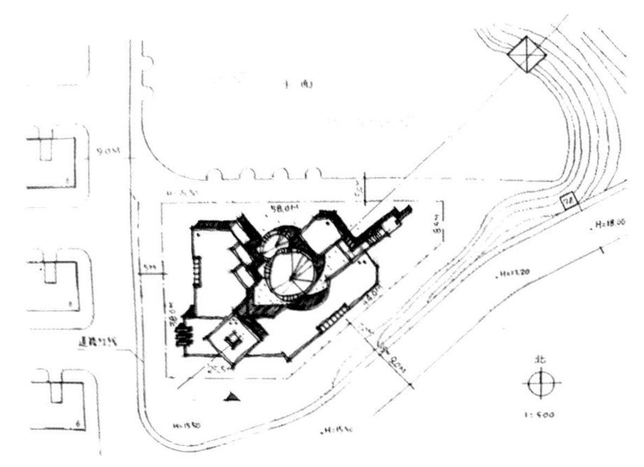

• 图 2-3 轴线对位关系示意 郭奕泽 建学 07

2.4 任务书里“隐性”（潜在）条件的挖掘

①是否在老城区，以及任务书里对周边建筑风格有无说明交代（与老建筑呼应，即文脉的问题[一]）；②任务书地形图里建筑红线南侧的建筑层数是否给出（需考虑日照间距的影响，若题目无明确日照间距系数，则多层建筑在快题里通常可粗略按 1:1 处理[二]）；③任务书地形图的周边环境是否有可利用的景观要素，如塔、亭以及古树等可否与所设计建筑形成对景、框景等轴线或对位关系（见图 2-3）；④若题目设置为某类型或群体公共建筑，例如老人活动中心等，则需考虑无障碍设计（坡道及电梯等）；⑤若题目强调气候特征，如寒冷地区，则考虑是否需做门斗[三]，反之若为炎热地区，则可多用外廊等灰空间处理。

㊀与周边原有建筑的承接呼应，即文脉问题的处理并非只有外形（尤其是屋面等部位）的相似，还可以通过统一材质、统一色彩、统一体量、统一轴线等方式来进行。

㊁日照间距 1:1，即前面建筑地面以上的总高度与前后两建筑之间的净距离之比为 1:1。

㊂在建筑物出入口设置的起分隔、挡风、御寒等作用的建筑过渡空间。

课题 3
方案设计

快题中的方案设计与平时建筑设计课程里的相对长周期设计题目以及建筑设计竞赛题目（包括概念设计等）在思维意识和考查目的是有所不同的。快题主要考查的是方案能力的综合基本功，因此应以稳妥为主。针对快题考试中易出现的问题，有以下三条建议：

（1）平面图里能不用曲线尽量不用曲线，或者不以曲线为主，否则在画透视及排列柱网等方面可能会有一定的麻烦，而且绘制平面的用时也相对会长些。其实，方块体通过合适的组合，最终效果（见图 3-1，图 3-2，图 3-3）绝不逊色于曲线体，甚至会优于曲线体等形式。

（2）平面与透视的同步思维。透视图在快题图上是最为直观和最出效果的一部分，因此在设

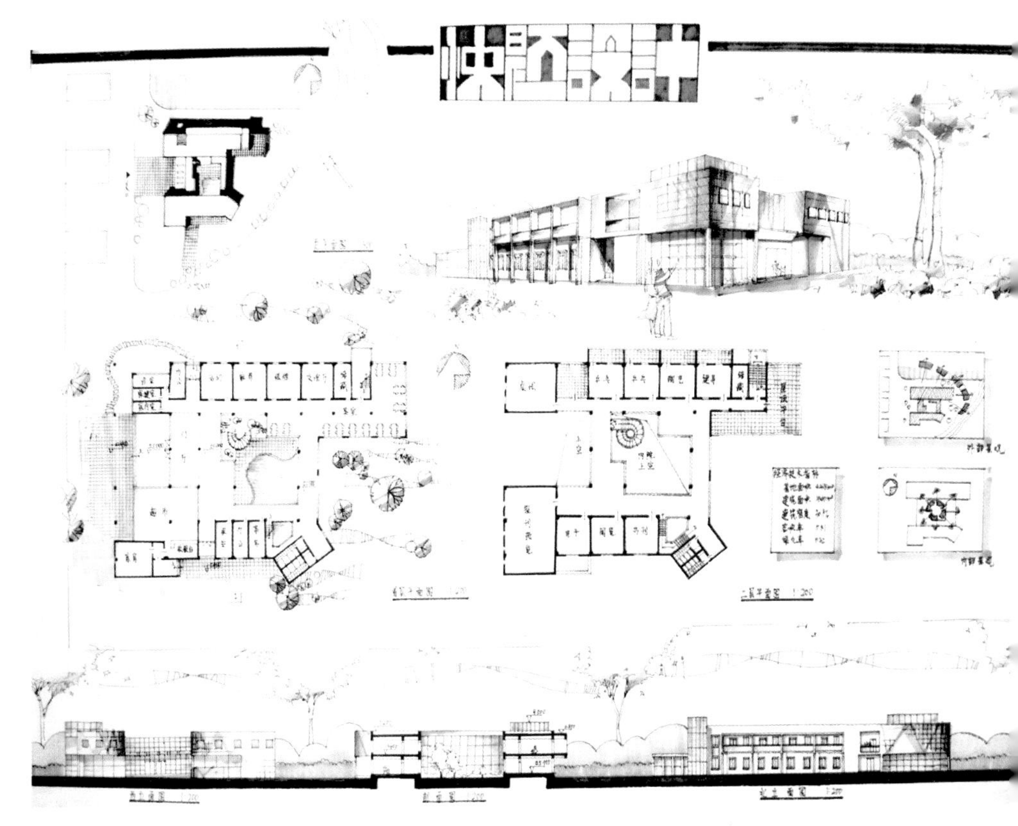

• 图 3-1 赵怡丽（临摹） 建学 08

计平面时一定要考虑和有所保证选定角度的透视效果，有时甚至可以根据透视效果的需要反推一部分平面。最为忌讳的就是做平面时就只想平面的问题，等平面的问题完全解决后，才开始设计考虑立面以及透视的效果，那样的话，立面与透视的设计效果就非常受平面的限制与影响，于最终图面效果及得分不利。

（3）任务书中给出的往往都是具体功能房间的名称与面积要求等，而我们在设计考虑这些"实"的部分（如门厅、办公室、活动室、会议室、储藏室和卫生间等）时，不要忘记和忽视穿插"虚"的部分（如外廊、阳台、构架等灰空间及院落、中庭等）。我们是要务"实"，但在快题里我们提倡更要务"虚"。提倡务"虚"，一方面是基于为立面和透视效果的考虑，丰富其光影效果（见图 3-4，图 3-5）；另一方面通过这些"虚"的部分的合理组织利用，可以有效地进行功能上的动静分区等处理，比如院落的运用（见图 3-6），南边为门厅、接待等对外服务部分的动区，北边为办公、资料室等对内运营的静区，通过院落自然地进行了动静和内外分区，而且同时也为立面设计创造了多种可能（见图 3-7）。

3.1 不同建筑类型的考点

首先已经明确了快题考试是考查大家的方案基本功和综合素养，因此一般都不会在建筑类型方面为难大家。建筑类型多为常见的民用建筑，

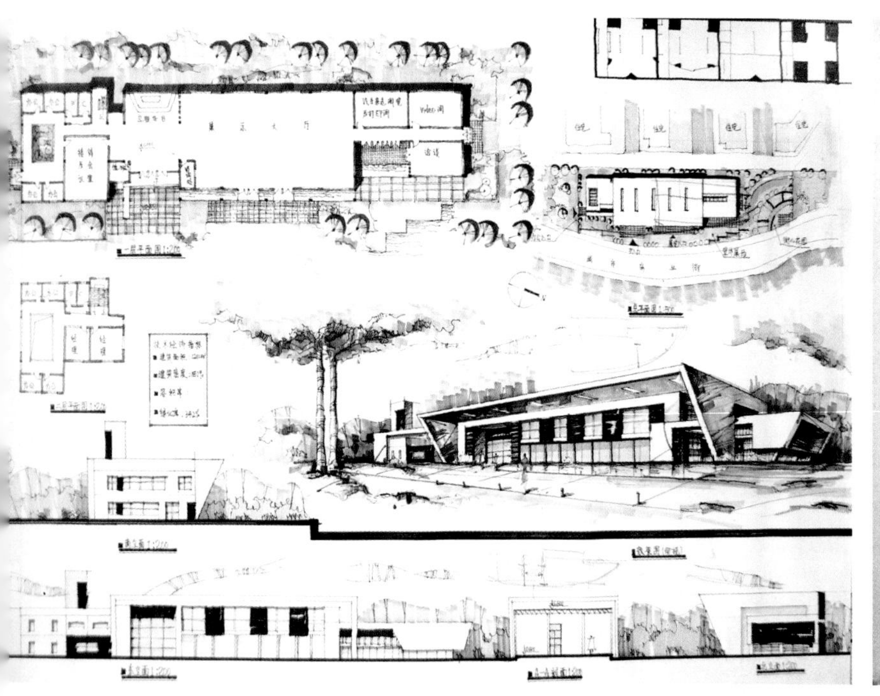

• 图 3-2 陶建华 景观 07

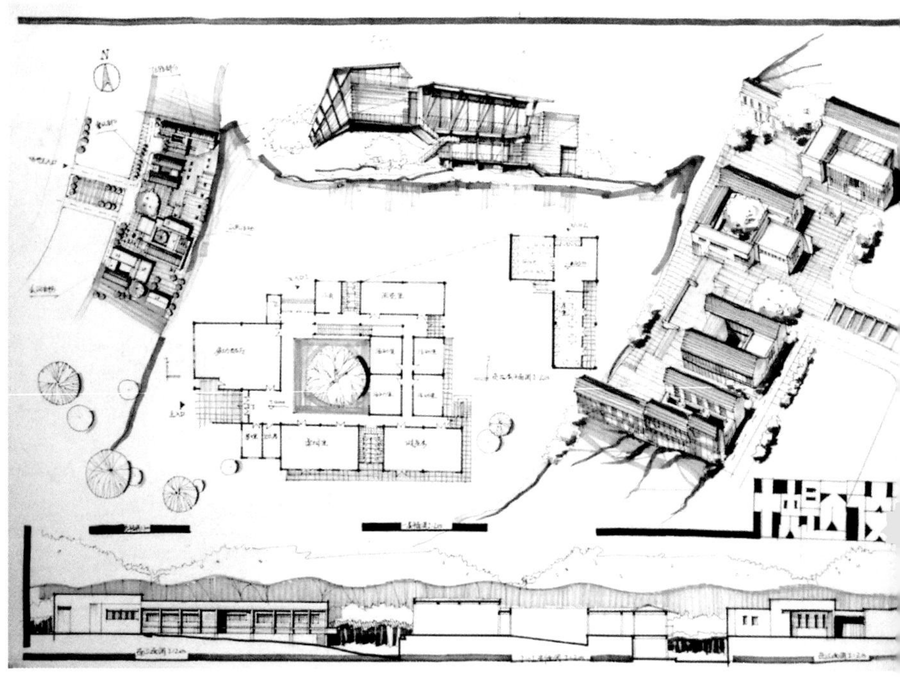

• 图 3-3 吕超豪 建学 06

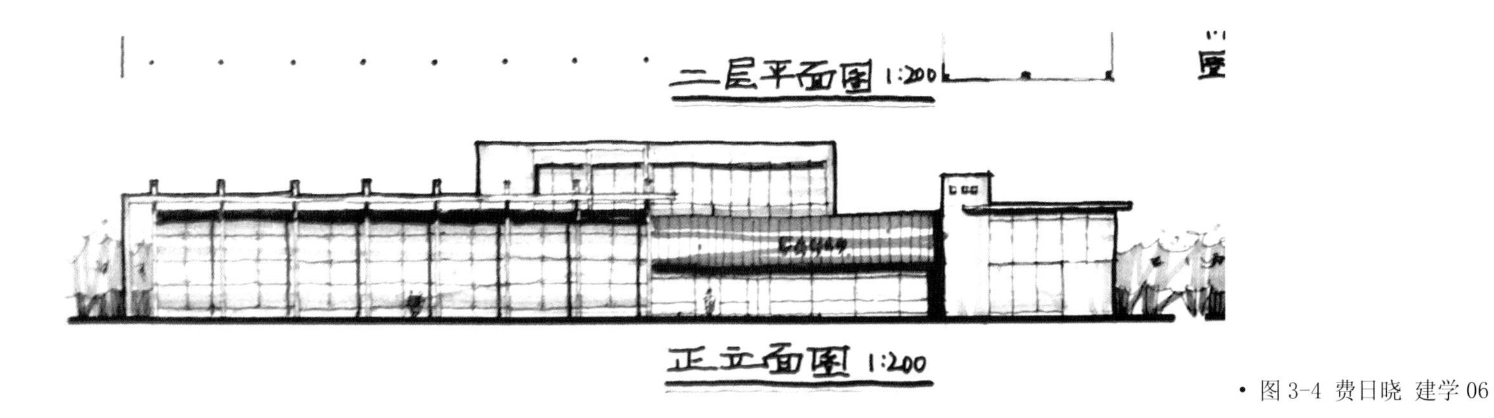

• 图 3-4 费日晓 建学 06

※ 光影效果在快题里是非常重要的，属于图面里“重”的部分，甚至可以说“无影不成效”。

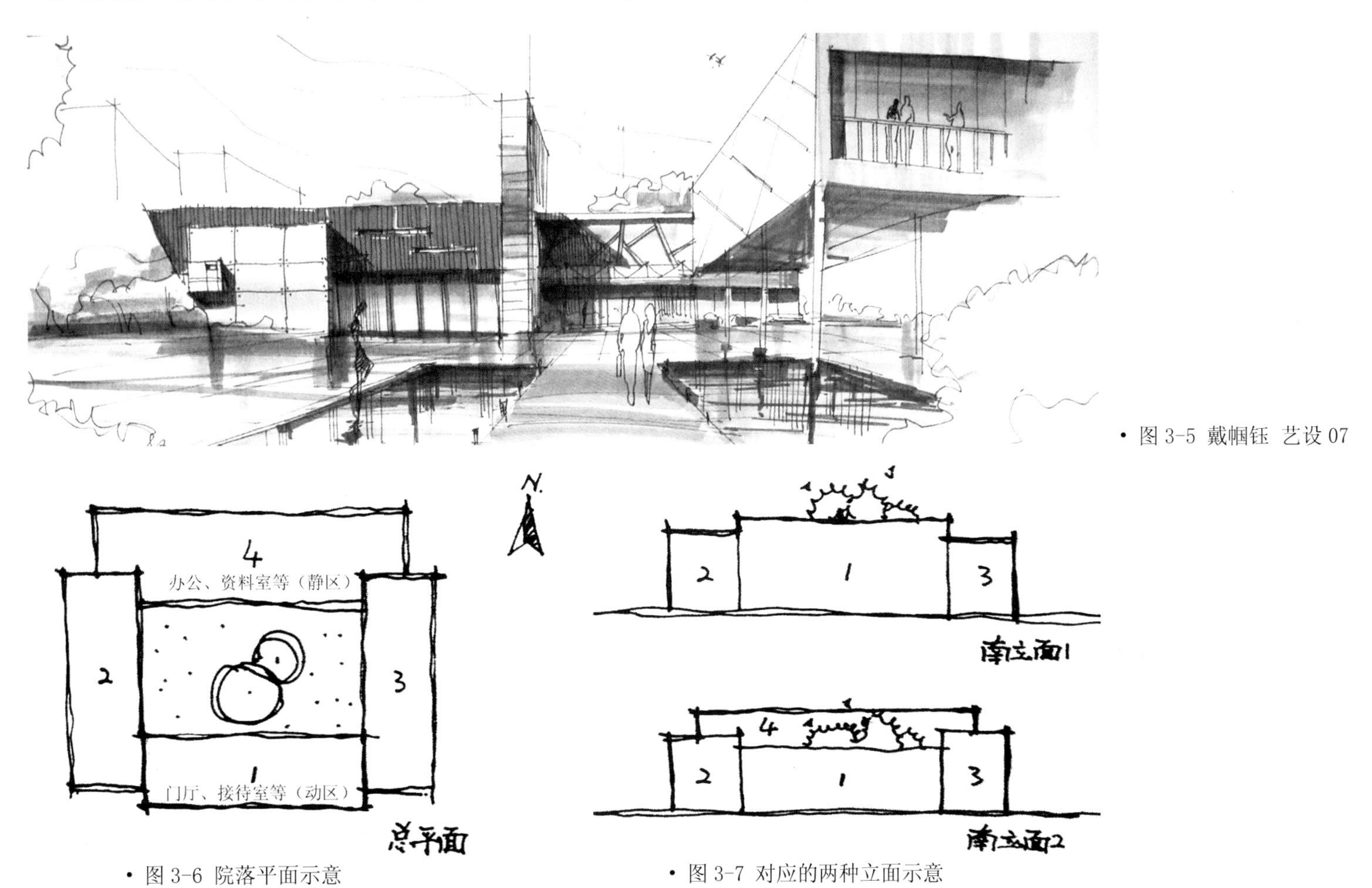

• 图 3-5 戴帼钰 艺设 07

• 图 3-6 院落平面示意

• 图 3-7 对应的两种立面示意

如中小型办公楼、教学楼、餐饮建筑、幼儿园、活动中心、社区图书馆、售楼处、网吧[㊀]、别墅、中小型旅馆（公寓）、汽车客运站、小型展览（博物）馆等，以及扩建和改建项目。通常都不会涉及高层办公楼、高层住宅、飞机站、火车站、医院（某些规模小的小门诊楼和美容院等除外）等规模大、难度高的类型。建筑规模通常是在 3、4 千平米以内。现在例举几种常见的快题里建筑类型的基本注意点，希望大家在对快题的学习中，有意识地进行积累与总结。

1. 中小型办公楼

如果建筑用地周边有诸如公园、河流等景观时，应将主要办公室朝向该景观处；如果建筑用地周边景观不佳（例如有废弃厂房等）或为嘈杂的城市干道等情况时，宜设置内向景观，比如通过中庭或内院来营造对内的办公景观环境。办公楼建筑基地覆盖率控制在 40% 左右为宜。

办公楼中的大型会议室建议放于地面层较妥，疏散问题便于解决，若不得不位于楼上时，应注意疏散楼梯的设置。中型会议室（$60m^2$ 左右）和小型会议室（$30m^2$ 左右）可位于楼上层，并可分散布置。

中小型办公楼一般不用考虑电梯和垃圾管道的设置（通常五层及其以上时设置电梯和垃圾管道）。

办公室宜设计成单间式和大空间式，还可配置少许套间，以满足多种办公要求。

卫生间和储藏室等应尽可能布置在建筑的次要面（如采光朝向较差位置），并注意卫生间距离最远的办公室应不大于 50m。有些办公楼还可设置开水间，开水间宜有直接采光和通风。

办公室一般采用小则 3600mm 开间和 5400mm 进深的平面尺寸，大则有 3900mm 或 4200mm 开间及其对应进深尺寸。比如当需要设置地下车库时，由于 8400mm 的柱距停放 3 辆机动车时最为经济距离，故对应楼上办公室的开间或部分开间为 4200mm。另外，当办公室为单扇平开门时，一般多为 1000mm 宽而非常用的 900mm 宽（因房间尺寸和办公设备进出等原因）。

若题目要求必须做地下车库时，应注意地下车库通往地面层的楼梯间和地面层以上的楼梯间需分开设置，不应共用贯通（紧急疏散时的要求）。

最后，在办公楼的功能房间方面，除了办公室、传达室、接待室以及会议室等以外，还可设置休闲区（可结合咖啡品茶等布局）、展示区和阅览区等。

2. 教学楼

教学楼的设计要注意与任务书地形图中所给周边校园建筑环境的协调。

普通教室应为南向或北向采光，与走廊相邻的教室内墙应设置采光通风的高窗，若教室大于 60m 时，需设置两个门，且两门间距应至少为 5m，两个门均宜为双扇平开门，门宽 1.5m 左右为宜。

㊀网吧在生活中虽常见，但在快题考试里至今仍属于较新题目类型，况且目前尚未形成统一成熟的规范标准，相应的快题案例也相对较少，大家可参见《清华大学建筑学院设计系列课教案与学生作业选——二年级建筑设计》这本书，里面有网吧相关案例并具有一定参考价值。

两排教室长边相对时，其间距应大于等于25m[1]。

教学楼的楼梯间宜为普通双跑楼梯，应可直接采光。梯段间不应设置遮挡视线的隔墙，梯井宽度超过200mm时，应采取安全防护措施。梯蹬不得采用螺旋形或扇形踏步。

教学用房走道宽度，内廊净距不小于2100mm，外廊不小于1800mm，外廊栏杆高度不应低于1100mm，栏杆等杆件净距不大于110mm。行政及教师办公用房走道宽度净距不小于1500mm。当走道有高差变化处必须设置台阶时，应设于明显及有天然采光处，且踏步数不应少于3级（若高差少于3级踏步高时，可采用坡道代替踏步），并不得采用扇形踏步。

教学楼的厕所设计应注意采用自然采光和通风，并且注意避免气味溢入走道及室内。有条件时可尽量将厕所设于教学楼的尽端，每层均应设男女厕所，不可上下层累加设置，比如一层只有男厕，二层对应位置只有女厕，依次往上累加，不妥。另外，每层的厕所均应设置前室。

教学楼内宜分层设置饮水处，其位置不得占用走道，影响交通，不应设在人流集中处。教师休息室可每层设置一处或隔层设置，其位置在走道一端为宜。

3. 餐饮建筑

餐饮建筑主要指茶室、咖啡屋、快餐店、食堂、冷饮店、中小型饭馆及各种主题餐厅等，在快题考试中的餐饮建筑一般规模不会太大。该类建筑在内部功能上主要应处理好用餐（用饮）和厨房（后勤准备间）的关系；在整体造型上，应做到具有一定的醒目性和新颖性；在环境布局上应注意对周边已有景观的利用和朝向等问题。

餐饮建筑在总平面布置上应考虑避免厨房或饮食制作间的油烟、气味、噪声及废弃物等对临近居住与公共活动场所的污染。基地出入口应按人流、货流分别设置，妥善处理易燃、易爆物体及垃圾等的运输路线与堆场。另外，在基地场地应考虑适当的停车条件。

用餐（用饮）部分根据规模等级的要求设置公共开敞式、包厢式、雅座区、休息区、结账台、服务台、洗漱区和景观区等，其中景观区和室外的景观应尽量考虑到各用餐（用饮）单元的均好性。另需考虑到顾客流线与送餐（送饮）服务流线尽量避免交叉。

厨房（后勤准备间）应注意工作流线的效率性，比如粗加工、细加工、热加工、熟食库、冷藏库、洗涤间、更衣室和备餐间等厨房区用房的位置摆放。另需注意厨房（后勤准备间）出入口前场地的开敞性和相对隐蔽性的要求，以及入口处坡道的设置以便于物品装卸与运输等。

餐饮建筑的卫生间设置需注意的是：顾客卫生间的位置应相对隐蔽而又便于找到，其前室的入口不应靠近餐厅或与餐厅相对，而工作人员卫生间的前室不应朝向各加工间。

[1] 教学楼与操场的最小距离也是25m，另外宿舍里同层最远一间宿舍与厕所的最小距离也是25m。

另外，对于自助餐厅的设计，应考虑到用餐时间的相对较长和连续性等特点，宜在入口附近设置顾客等候区，可结合一些休闲功能布置，如阅览、视频和棋牌等。

4. 图书馆

图书馆总体布局应结合现状集中紧凑，人流书流分开，可留有扩建用地，以便日后发展。宜布置绿地和庭院等，创造适宜的阅览环境。道路布置应便于图书运送、装卸和消防疏散。锅炉房、汽车库以及厨房等建筑应尽量避开书库和阅览区，并用绿化带隔开。条件允许时，宜布置在主馆下风向。

在新建、改建和扩建的图书馆设计中，要充分利用原有建筑（文脉性）。

当规模较大的公共图书馆设置有少儿阅览区时，该区应有单独的出入口以及室外活动场地（因此不宜将该区放置于楼上各层）。

图书馆的门厅是读者进出图书馆的必经之地，兼有验证、咨询、收发、寄存和监理值班等多种功能，应与借阅部分有方便的联系。一般宜将浏览性读者用房和公共活动用房（如演讲厅、陈列室等）靠近门厅布置，使之出入方便和不影响阅览室的安静。另外，读者休息处（供读者饮水、吸烟、进餐等）的位置也宜邻近入口，其使用面积为每阅览座位不宜小于 0.10m² ，规模较大的公共图书馆宜集中设置快餐室或食品小卖部。

阅览室的辅助书库一般采取下列方式布置：①在阅览室附近辟专室做辅助书库；②在阅览室内设开架书库。

普通报刊阅览室宜设在入口附近，便于闭馆时单独开放。

普通（综合）阅览室宜邻近门厅入口；如不设辅助书库时，应与借阅厅有便捷联系。

专业期刊阅览室应邻近专业期刊库，并设置单独借阅台，或开架管理。

专业阅览室及研究室应邻近专业图书的辅助书库，并宜设有单独借阅台及目录柜。研究室也可按不同需要设置成大小不等的单间或研究厢。

善本书阅览室与善本书库集中布置时，两者之间宜设分区门或缓冲门。

中心借阅处的借阅台应毗连书库设置。借阅台与书库之间的联系通道不应设置踏步。如高差不可避免时，应采用坡度不大于 1:10 的坡道。

图书馆的视听室宜自成单元，便于单独使用和管理，所在位置要求安静，和其他阅览室之间互不干扰。

报告厅与主馆可以毗邻，也可以独立布置。当座位超过 300 座时最好单独设置，与图书馆的阅览区保持一定的距离。当与阅览区毗邻设置时，应设单独对外的出入口，以便于报告厅能独立对外，用途多样化。独立设置的报告厅，宜设专用厕所，且讲台附近宜有休息室。报告厅的厅堂面积为每座不小于 0.70 m² 。当报告厅设有侧窗时，应设置有效的遮光设施。

5. 中小型旅馆

在旅馆的总体布局中，除合理组织主体建筑群的位置外，还应考虑广场、停车场、道路、庭院、杂物堆放场地的布局。根据旅馆标准及用地条件，还可考虑设置网球场、游泳池及露天茶座等。

旅馆的出入口设置根据等级和规模等方面条件应注意以下几项：①主要出入口：位置应显著，可供旅客直达门厅。②辅助出入口：用于出席宴会，会议及商场购物的非住宿旅客出入，适用于规模大、标准高的旅馆。③职工出入口：宜设在职工工作及生活区域，用于旅馆职工上下班进出，位置宜隐蔽。④货物出入口：用于旅馆货物进出，位置靠近物品仓库或堆放场所。应考虑食品与货物分开卸货。⑤垃圾污物出口：位置要隐蔽，处于下风向。

旅馆的服务用房。根据管理要求，每层设置或隔层设置。位置应隐蔽，可设于标准层中部或端部。服务用房区应有出入口供服务人员进出客房区。服务用房包括服务厅、贮存库、厕所、休息室、垃圾污物管道间以及服务电梯等。

标准层公共走道净高≥ 2.1m。

客房部分。客房设计应根据气候特点、环境位置和景观条件等方面来争取良好朝向。客房长宽比以不超过 2:1 为宜。客房净高一般≥ 2.4m。客房内走道宽度≥ 1.1m。客房门洞宽度一般≥ 0.9m，高度≥ 2.1m，客房内卫生间门洞宽度一般≥ 0.75m，高度≥ 2.1m。

旅馆入口处宜设门廊或雨篷。室内外高差较大时，在采用台阶的同时，宜设置行李搬运坡道和残疾人轮椅坡道（坡道一般为 1:12）。门厅里的总服务台和电梯厅的位置应明显。

旅馆的餐厅分为对内和对外营业两种，其中对外的营业餐厅应有单独对外出入口、衣帽间和卫生间。餐厅应该紧靠厨房，厨房备餐间的出入口要隐蔽，同时避免厨房气味窜入餐厅。厨房尽量避免位于旅馆的中心部位，应位于外墙附近，便于货物进出和通风排气。厨房和餐厅最好设在同层，若必须分层设置，不宜超过一层，且食品用垂直升降机运输。厨房净高（梁底高度）不低于 2.8m，对外通道上的门宽不小于 1.1m，其他分隔门宽度不小于 0.9m，通道上应避免设台阶。

多功能厅宜单独集中布置，并与前台有一定联系。宴会厅必须靠近厨房，并应设有足够的备餐空间。康乐设施也是以集中布置为宜。

6. 博物馆

通常将建筑规模在 10000m^2 以上的博物馆定为大型博物馆，规模在 4000 ~ 10000m^2 的博物馆为中型博物馆，4000m^2 以内的博物馆为小型博物馆。我们在快题设计的学习中一般关注小型博物馆即可。

博物馆最基本的组成有陈列区、藏品库区、技术和办公用房以及观众服务设施等几部分。其他设施需根据各馆的性质、规模、任务和藏品特点而定。新建博物馆的基地覆盖率不宜大于

40%，并有充分的空地和停车场地。

功能分区应明确合理，使观众参观路线与藏品运送路线互不交叉。场地和道路布置应便于观众参观集散和藏品装卸运送。陈列区不宜超过四层。二层及二层以上的藏品库或陈列室要考虑垂直运输设备。藏品库应接近陈列室布置，藏品不宜通过露天运送和在运送过程中经历较大的温湿度变化。陈列室、藏品库、修复等部分用房宜南北向布置，避免西晒。

门厅应布置供观众休息、等候的空间，宜设问讯台、出售陈列印刷品和纪念品的服务部以及公用电话等设施。工作人员出入及运输藏品的门厅应远离观众活动区布置。

陈列区一般包括基本陈列室、专题陈列室、临时展室等部分。其中，基本陈列室应布置在陈列区中最醒目便捷的位置，临时展室展览内容需要经常更换，在设计中应单独设置，并尽量设计成大空间。

藏品库区一般包括藏品库房、藏品暂存库房、缓冲间、保管设备储藏室、管理办公室等部分。藏品库区内不应设置其他用房。每间藏品库房要单独设门。藏品暂存库应设在藏品库房的总门之外，并单独密闭成间。藏品库房要按藏品的质地进行分间，每间面积不宜小于50m^2。藏品库房应尽量少开窗，其窗地面积比一般不超过1/20。藏品库房的净高应不低于2.4m，若有梁或管道等突出物时，其底面的净高应不低于2.2m。

技术和办公用房一般包括鉴定室、摄影室、熏蒸消毒室、实验室、修复室、文物复印室、标本制作室、研究阅览室和管理办公室等部分。其中，专用的研究阅览室及图书资料库，应有单独的出入口与藏品库区相通。鉴定室、实验室、修复室、装裱室、文物复制室、标本制作室等用房，宜北向采光，窗地面积比应不小于1/4。

博物馆由于其主要部分的陈列区和藏品库区均不得大面积开窗采光，故其整体造型应以实为主，这样也给立面和透视效果带来较大的难度与挑战，需通过诸如“化整为零”㊀等一些设计手法来应对此类问题。至于开窗方面，主要有侧窗式、高侧窗式和顶窗式三种。其中，侧窗式是最常用的采光方式，但由于光线带有方向性，室内照度分布很不均匀，垂直面上的眩光不易消除，而且窗口占据了一部分墙面，因此一般仅适用于房间进深浅的小型陈列室；高侧窗式，一般将侧窗口提高到地面以上2.5m，以扩大外墙陈列面积并减少眩光，这种侧窗位置有利于提高墙面照度；顶窗式，即在顶棚上开设采光口的采光方式，采光效率高，室内照度均匀，整个房间的墙面都可以布置展品，不受采光口的限制。

7. 幼儿园

幼儿园这种建筑类型作为建筑快题考试题目在近几年出现的频率相对较少，幼儿园相对其他类型而言具有一定特殊性和复杂性，但其作为一种常规类型，我们有必要对其进行一定的了解与熟悉。

㊀“化整为零”主要是指将大体量的建筑空间在视觉效果上弱化、缩小化，“零”为零散、若干和数量化的意思，而非没有。

严格意义上的幼儿园是指接纳三周岁至六周岁幼儿的保育和教育机构（接纳三周岁以下幼儿的为托儿所）。幼儿园又分为全日制和寄宿制两种类型，全日制类型也需有幼儿寝室（午休等用途）。

幼儿园除必须设置各班专用的活动场地外，还应设有全园共用的室外游戏场地。

每班的活动室、寝室、卫生间应为独立使用的单元。活动室和寝室应有良好的采光和通风。

隔离室应与生活用房有适当的距离，并应和儿童活动路线分开，且应设有单独的出入口和卫生间。

厨房位置应靠近对外供应出入口，并应设有杂物院，且应位于全园下风向。

活动室、卧室、音体活动室应设双扇平开门，其宽度不应小于1.2m。疏散通道中不应使用转门、弹簧门和推拉门。

音体活动室的位置宜临近生活用房，不应和服务用房混设在一起，单独设置时宜用连廊与主体建筑连通。

8. 汽车客运站

汽车客运站的建筑规模根据车站的日发送旅客折算量划分为四级，一级为高，四级为低。一、二级站汽车进出站口必须分别设置，三、四级站宜分别设置。汽车进出站口的宽度不宜小于4m。汽车进出站口应与旅客主要出入口或行人通道保持一定的安全距离，并应有隔离措施。汽车进出站口应设置引道，并应满足驾驶员视线的要求。

候车厅使用面积指标，应按最高聚集人数每人1.10m^2 计算。候车厅室内净高不宜低于3.60m，窗地面积比不应小于1/7，候车厅安全出口不应少于两个；二楼设置候车厅时疏散楼梯亦不应少于两个。

售票厅除四级站可与候车厅合用外，其余应分别设置，其使用面积按每个售票口20 m^2 计算。售票厅应有旅客正常购票活动空间，不应兼作过厅。售票厅与行包托运处、候车厅等应有较好联系，并单独设出入口。售票窗口数＝最高聚集人数/120（120为每小时每个窗口可售票数）。售票窗口前宜设导向栏杆，栏杆高度以1.20～1.40m为宜。

售票室的使用面积按每个售票口不应小于5m^2 计算。票据库除四级站外应独立设置，使用面积不应小于9m^2。行包房包括行包托运处、行包提取处与行包装卸廊，为一完整作业流线，不应与其他流线交叉或受干扰。和旅客直接联系的托运口、提取口，应考虑旅客进出站的流向，设置于方便之处。一、二级站应分别设置行包托运处、行包提取处，三、四级站可合并设置。

汽车客运站必须设置站台。站台设计应利于旅客上下车、行包装卸和客车转运，其净宽不应小于2.50m。站台应设置雨篷，位于车位装卸作业区的站台雨篷，净高不应低于5m。站台雨篷如设支撑柱，柱距一般不应小于3.90m，柱位不应影响旅客交通和行包装卸。

一、二级站停车场的汽车疏散口不应少于两个。停车总数不超过 50 辆时可设一个疏散口。停车场内车辆宜分组停放，每组停车数量不宜超过 50 辆。

9. 售楼处

售楼处通常属于临时性建筑，后期可能功能置换为住宅小区的社区服务中心或会所等类型。售楼处一般都是临街而建，应便于识别且具有一定的视觉冲击力，毕竟售楼处属于一个住宅项目的形象窗口。

售楼处一般包括沙盘区㊀、洽谈区、签约区、休闲区、办公室、培训室、经理室、储藏室、更衣室、卫生间和样板间等。

售楼处虽然通常面积都不大，但在环境条件允许的前提下，应设顾客出入口、员工（或货物）出入口，以及景观区（或通往住宅小区院内）出入口等，可根据具体给定环境灵活设置。

售楼处多为 1 ~ 2 层，当为两层时，常将样板间置于 2 层，并应注意其平面位置最好不位于临街主立面，否则外观上可能会受到样板间开窗和阳台等影响。

在场地布局方面应注重景观的布局，如树阵、水池等，并应留出足够的室外疏散场地，这样也为举办一定的户外活动等内容提供了多种可能性，另外应注意留出一定的停车位。

在一些相对细节方面的设计上应尽可能考虑周到些，如预留出服务台的位置，出入口处的无障碍坡道，卫生间前室，内部空间视野的通透和私密上的划分等。

另外，有些题目可能会要求绘出 1 ~ 2 个比例为 1:50 或 1:100 的套型平面大样，其实就是额外再考查一下大家的住宅套型设计能力。

10. 别墅

就基地环境而言，别墅大体分为平地和山地两种，后者的设计难度（主要是纵向高差、等高线和土方量方面）相对前者来说一般要大一些。

就别墅建筑风格而言，有现代简约式、中式、欧式、北美式、地中海式等多种风格造型。针对平时的快速设计练习和快题考试来说，我们重点关注现代简约风格即可。

就别墅内部空间布局而言，有架空式、错层式㊁、复式㊂、跃层式㊃和综合式等。

别墅一般多为 2 ~ 3 层，在功能上应主要考

㊀沙盘主要是指根据地形图、航空像片或实地地形，按一定的比例关系，用泥沙、兵棋和其他材料等堆制的模型，最初用于军事。

㊁错层式主要是指一套住宅内的各种功能用房在不同的平面上，用 30 ~ 60cm 的高度差进行空间隔断，层次分明，立体性强，但未分成两层，适合 $100m^2$ 以上大面积住宅装修。

㊂复式住宅在概念上是一层，并不具备完整的两层空间，但层高较普通住宅（通常层高 2.8m）高，可在局部分出夹层，安排卧室或书房等，用楼梯联系上下，其目的是在有限的空间里增加使用面积，提高住宅的空间利用率。

㊃跃层式住宅从外观来说是一套住宅占两个楼层，有内部楼梯联系上下层，一般在首层安排起居室、厨房、餐厅、卫生间，二层安排卧室、书房、卫生间等。简单地讲，如果上下两层完全分隔，应称为跃层式住宅，如上下两层在同一空间内，即从下层室内可以看见上层的场面、栏杆或走廊等部分，则为复式住宅。

虑动静分区，干湿分区、内外（公共和私密）分区等，其主要功能空间一般有客厅、主卧、次卧（包括儿童房等）、餐厅、厨房、书房、走道、玄关、楼梯间、起居室、健身房、储藏室、阳台、庭院、卫生间、洗衣间、车库和工人房等。

其中，主卧一般位于楼上，且需有其独立卫生间，因此一栋别墅的卫生间数量应为 2 ~ 3 个，楼上卫生间不应正对楼下的餐厅、厨房、客厅和卧室；餐厅和厨房应相连，不宜有其他空间分隔，餐厅的位置应考虑其视野景观性，厨房应注意其环境主导风向对内部使用的影响；卧室和客厅应尽量朝南，书房宜位于北向（采光均匀柔和）；楼梯通常一部即可，位于客厅附近，并应成为其空间亮点之一；起居室为家庭成员活动场所（对内服务空间），因此应位于卧室区，且置于楼上为宜；阳台的布局设计结合整体造型，并区分景观阳台（如阳光房、花房等）和工作阳台（如兼有储藏功能，或与厨房相连的阳台）的设置；车库一般放置 1 ~ 2 辆车即可，留出备用设备和修理空间，并应有与主体建筑相连通的门及过道，注意其与内外高差的考虑；工人房宜位于工作区（厨房和洗衣间等）和入口大门附近，兼有门卫和值班的职能。

套型使用面积，宜采用的最小范围值为以下几种：起居室 16 ~ 28 m^2（起居室净面宽宜取 3.9 ~ 4.5m，电视机的背景墙至少为 3m 长）；主卧室 12 ~ 16 m^2（主卧室净面宽宜取 3.6 ~ 3.9m）；次卧室 10 ~ 14 m^2（次卧室净面宽宜取 3.3 ~ 3.6m）；厨房 6 ~ 7 m^2（布置设备的厨房净宽不应小于 1.50m，双排布置设备的厨房其两排设配的净距不应小于 0.90 m）。操作面的进深一般为 0.5 ~ 0.6 m，所以双排布置设备的厨房净宽为 1.9 ~ 2.1 m）；卫生间 4 ~ 6 m^2；公共阳台一般与起居厅相连，阳台宽 1.5m 较适合，长不宜小于 3m，就能满足若干阳台的功能；用餐空间若按 4 ~ 6 人用餐计算，则用餐空间的使用面积是 6 ~ 8 m^2 左右。

11. 疗养院

以疗养员为对象，用疗养科学为其服务，把技术服务和生活服务结合起来，是疗养院建筑设计的基本特点。疗养院以自然理化因子为主要防治手段，疗养院的建筑设计应为充分利用自然理化因子创造最便捷、有利的条件。理疗是疗养院的主要治疗方法，应占据疗养院医疗科的大部分。疗养院的建设标准应稍高于城市职工的平均生活水准。

疗养院由疗养、理疗、医技用房，以及文体活动场所，行政办公，附属用房等组成。

疗养院的规模一般有以下 4 种：特大型疗养院，500 床以上；大型疗养院，300 ~ 500 床；中型疗养院，100 ~ 300 床；小型疗养院，100 床以下。我们目前主要关注中小型疗养院。

疗养用房与理疗用房、营养食堂若分开布置时，宜用通廊联系。疗养用房主要朝向的间距，应为前幢建筑物高度的 2 ~ 2.5 倍，且最小间距不应小于 12 m。

职工生活用房不应建在疗养院内，若建在同一基地，则应与疗养院分隔，并另设出入口。

疗养院建筑不宜超过四层，若超过四层应设置电梯。疗养院主要建筑物的坡道、出入口、走道应满足轮椅使用者的要求。

疗养区是疗养院的主体，通常分为若干个护理单元。护理单元一般包括疗养室、活动室、护士站、医生办公室、护士值班室、处置室、治疗室、卫生间、库房、开水间等。两个单元设一间观察室，心血管疗区还应设监护室及急救室。护士站宜设在护理单元的适中处，观察室应与护士值班室毗邻，护理单元较短时，可设在护理单元入口附近，护士站与治疗室应有内门相通。医生办公室、护士站、处置室及治疗室应设洗手盆，急救室应设厕所。

护理单元一般采用单廊式、中间走廊式、曲尺式、风车式等。一般一层为一个单元，也可以上下几层为一个单元，在风景区为减少建筑体量，还可几幢小楼为一个单元，但应注意克服管理上的不便。

疗养室宜面临风景点或绿化庭园，并保证大部分房间具有良好的朝向。疗养室的长宽比以不超过 2:1 为宜。室内净高一般为 2.70 ~ 3.20m，最低不应低于 2.60 m。室内每间床位数一般为 2 ~ 3 床，最多不应超过 4 床。附设卫生间时，卫生间的门宜向外开启。宜设阳台，其净深不宜小于 1.50 m。长廊式阳台可根据需要做灵活的隔断予以分隔。疗养室门宽不应小于 0.90 m，并应设观察窗。

每一护理单元应设疗养员活动室，其面积按每床 0.80m^2 计算，但不应小于 40m^2 。活动室必须光线充足，朝向和通风良好，并宜选择有两个采光方向的位置。活动室宜设阳台，其进深不应小于 1.50 m。

公用厕所应按男每 15 人设一个大便器和一个小便器（或 0.60 m 长的小便槽），女每 12 人设一个大便器。公用淋浴室应男女分别设置。炎热地区按 8 ~ 10 人设一个淋浴器，寒冷地区按 15 ~ 20 人设一个淋浴器。凡疗养院使用的厕所和淋浴隔间的门扇宜向外开启。

疗养院主要建筑物安全出口或疏散楼梯不应少于两个，并应分散布置。室内疏散楼梯应设置楼梯间。建筑物内人流使用集中的楼梯，其净宽不应小于 1.65 m。

12. 文化馆（活动中心）

文化馆（包括活动中心）规模往往不会很大，但功能较多，对考生的考查相对全面综合，因此属于一种常见的快题考试题目。

文化馆基地按使用需要，至少应设两个出入口。当主要出入口紧临主要交通干道时，应留出缓冲距离；主要出入口距离主要交通干道的交叉口（十字路口或丁字路口）应留出一定距离，基地尺寸允许时大于 70m 为妥。

文化馆一般应由群众活动部分、学习辅导部分、专业工作部分及行政管理部分组成。各类用房根据不同规模和使用要求可增减或合并。文化馆设置儿童、老年人专用的活动房间时，应布置在当地最佳朝向和出入安全、方便的地方。

五层及五层以上设有群众活动、学习辅导用房的文化馆建筑应设置电梯。

群众活动部分由观演用房、游艺用房、交谊用房、展览用房和阅览用房等部分组成。观演用房包括门厅、观演厅、舞台和放映室等。观演厅的规模一般不宜大于500座。当观演厅为300座以下时，可做成平地面的综合活动厅。游艺用房应根据活动内容和实际需要设置供若干活动项目使用的大、中、小游艺室，并附设管理及贮藏间等。儿童游艺室室外宜附设儿童活动场地。游艺室的使用面积不应小于下列规定：大游艺室65m^2，中游艺室45m^2，小游艺室25m^2。交谊用房包括舞厅、茶座、管理间及小卖部等。舞厅应具有单独开放的条件及直接对外的出入口。展览用房包括展览厅或展览廊、贮藏间等。每个展览厅的使用面积不宜小于65m^2。阅览用房规模较大时，宜分设儿童阅览室。

学习辅导部分由综合排练室、普通教室、大教室及美术书法教室等组成。其位置除综合排练室外，均应布置在馆内安静区。综合排练室的位置应考虑噪声对毗邻用房的影响。室内应附设卫生间、器械贮藏间。有条件者可设淋浴间。根据使用要求合理地确定净高，并不应低于3.6m。综合排练室的使用面积每人按6m^{2}计算。普通教室每室人数可按40人设计，大教室以80人为宜。教室使用面积每人不小于1.40m^2。美术书法教室宜为北向侧窗或天窗采光。美术书法教室的使用面积每人不小于2.80m^2，每室不宜超过30人。

专业工作部分一般由文艺、美术书法、音乐、舞蹈、戏曲、摄影、录音等工作室，站室指导部，少年儿童指导部，群众文化研究部等组成。美术书法工作室宜为北向采光，使用面积不宜小于24m^2。音乐工作室应附设1～2间琴房，每间使用面积不小于6m^2，并应考虑隔声要求。摄影工作室应附设摄影室及洗印暗室。暗室应设培训实习间，根据规模可设置2～4个工作小间，每小间不小于4m^2。录音工作室包括工作室、录音室及控制室；其位置应布置在馆内安静部位。录音室和控制室之间的墙壁上，应设隔声观察窗。

行政管理部分由馆长室、办公室、文印打字室、会计室、接待室及值班室等组成。其位置应设于对外联系和对内管理方便的部位。行政管理部分的附属用房，包括仓库、配电间、维修间、锅炉房、车库等，应根据实际需要设置。

凡在安全疏散走道上的门，一律向疏散方向开启，并不得使用旋转门、推拉门和吊门。展览厅、舞厅、大游艺室的主要出入口宽度不应小于1.50m。文化馆屋顶作为屋顶花园或室外活动场所时，其护栏高度不应低于1.20m。

13. 宿舍建筑

宿舍建筑主要指在校学生和企业职工两大类群体的居住类建筑。目前大体可分为以下四种类型：

(1) 长廊式宿舍。公共走廊服务两侧或一侧居室，居室间数大于5间者。

(2) 短廊式宿舍。公共走廊服务两侧或一侧居室，居室间数小于或等于5间者。

(3) 单元式宿舍。楼梯、电梯间服务几组居住组团，每组有居室分隔为睡眠和学习两个空间，或每组居室是睡眠和学习合用同一空间，与盥洗、厕所组成单元的宿舍。

(4) 公寓式宿舍。设有必要的管理用房，如值班室、贮藏室等，为居住者提供床上用品和其他生活用品，实行缴纳费用的管理办法。

快题考试中往往选用学生相对熟悉的建筑类型作为考查题目，因此应主要关注在校学生的宿舍建筑，尤其是公寓式类型是当前大学校园普遍采用的宿舍模式。

宿舍内居室宜成组布置，每组或若干组居室应设盥洗室、厕所或卫生间。每栋宿舍宜设管理室、公共活动室和晾晒空间。厕所、盥洗室和公共活动室的位置应避免对居室的干扰。

居室应有便于存衣物的贮藏空间，宜设固定书架。居室内附设的卫生间，其面积不应小于$2m^2$。使用人数在4人及4人以上时，厕所与盥洗应分隔设置。

每栋宿舍应在首层至少设置1间无障碍居室，或在宿舍区内集中设置无障碍居室。

居室的床位布置尺寸不应小于下列规定：两个单床长边之间的距离0.60m；两床床头之间的距离0.10m；两排床或床与墙之间的走道宽度1.20m。居室应有储藏空间，每人净储藏空间不宜小于$0.50m^3$；严寒、寒冷和夏热冬冷地区可适当放大。储藏空间的净深不应小于0.55m。设固定箱子架时，每格净空长度不宜小于0.80m，宽度不宜小于0.60m，高度不宜小于0.45m。书架的尺寸，其净深不应小于0.25m，每格净高不应小于0.35m。

公共厕所应设前室或经盥洗室进入，前室和盥洗室的门不宜与居室门相对。公共厕所及公共盥洗室与最远居室的距离不应大于25m（附带卫生间的居室除外）。宿舍建筑内的管理室宜设置在主要出入口处，其使用面积不应小于$8m^2$。宿舍建筑内宜设公共洗衣房，也可在盥洗室内设洗衣机位。宿舍建筑宜在底层设置集中垃圾收集间。设有公共厕所、盥洗室的宿舍建筑内宜在每层设置卫生清洁间。宿舍建筑宜集中设置地下或半地下自行车库。

居室在采用单层床时，层高不宜低于2.80m；在采用双层床或高架床时，层高不宜低于3.60m。居室在采用单层床时，净高不应低于2.60m；在采用双层床或高架床时，净高不应低于3.40m。辅助用房的净高不宜低于2.50m。

14. 老人公寓（敬老院）

老年人[⊖]居住建筑：专为老年人设计，供其起居生活使用，符合老年人生理、心理要求的居住建筑，包括老年人住宅、老年人公寓、养老院、护理院、托老所。由于我国实施计划生育等政策导致人口年龄结构变化，本世纪已逐步进入老龄化社会，因此针对老年人的一系列生活服务等问题亟待解决，以老人公寓（敬老院）等相关题目作为考题并不鲜见。

基地内建筑密度一般不宜大于30%。老年人居住用房应布置在采光通风好的地段，应保证主要居室有良好的自然采光、通风和景观朝向，冬至日满窗日照不宜小于2小时。

道路系统应简洁通畅，避免人车混行。道路设计应保证救护车能就近停靠在所在楼出入口。老年人使用的步行道路应做成无障碍通道系统，道路的有效宽度不应小于0.90m；坡度不宜大于2.5%；当大于2.5%时，变坡点应予以提示，并宜在坡度较大处设扶手。

步行道路有高差处、入口与室外地面有高差处应设坡道。室外坡道的坡度不应大于1／12，每上升0.75m或长度超过9m时应设平台，平台的深度不应小于1.50m并应设连续扶手。台阶的踏步宽度不宜小于0.30m，踏步高度不宜大于0.15m。台阶的有效宽度不应小于0.90m，并宜在两侧设置连续的扶手；台阶宽度在3m以上时，应在中间加设扶手。独立设置的坡道的有效宽度不应小于1.50m；坡道和台阶并用时，坡道的有效宽度不应小于0.90m。坡道的起止点应有不小于1.50m×1.50m的轮椅回转面积。坡道两侧应设护栏或护墙。扶手高度应为0.90m，设置双层扶手时下层扶手高度宜为0.65m。坡道起止点的扶手端部宜水平延伸0.30m以上。

老年人居住套型或居室宜设在建筑物出入口层或电梯停靠层。出入口有效宽度不应小于1.10m。门扇开启端的墙垛净尺寸不应小于0.50m。出入口内外应有不小于1.50m×1.50m的轮椅回转面积。建筑物出入口应设置雨篷，雨篷的挑出长度宜超过台阶首级踏步0.50m以上。出入口的门宜采用自动门或推拉门；设置平开门时，应设闭门器。不应采用旋转门。

公用走廊的有效宽度不应小于1.50m。仅供一辆轮椅通过的走廊有效宽度不应小于1.20m，并应在走廊两端设有不小于1.50m×1.50m的轮椅回转面积。墙面不应有突出物。门扇向走廊开启时宜设置宽度大于1.30m、深度大于0.90m的凹廊，门扇开启端的墙垛净尺寸不应小于0.40m。

老年人居住建筑各层走廊宜增设交往空间，宜以4～8户老年人为单元设置。

公用楼梯的有效宽度不应小于1.20m。楼梯休息平台的深度应大于梯段的有效宽度。楼梯应在内侧设置扶手。宽度在1.50m以上时应在两侧设置扶手。扶手安装高度为0.80～0.85m，应连续设置。扶手应与走廊的扶手相连接。扶手端部

⊖按照我国通用标准，将年满60周岁及以上的人称为老年人。

宜水平延伸0.30m以上。不应采用螺旋楼梯，不宜采用直跑楼梯。每段楼梯高度不宜高于1.50m。楼梯踏步宽度不应小于0.30m，踏步高度不应大于0.15m。

老年人居住建筑宜设置电梯。三层及三层以上设老年人居住及活动空间的建筑应设置电梯，并应每层设站。轿厢尺寸应可容纳担架。厅门和轿门宽度应不小于0.80m。候梯厅的深度不应小于1.60m。户门的有效宽度不应小于1m。户门内外不宜有高差。有门槛时，其高度不应大于20mm，并设坡面调节。户门宜采用推拉门形式且门轨不应影响出入。采用平开门时，门上宜设置探视窗，并采用杆式把手，安装高度距地面0.80～0.85m。过道的有效宽度不应小于1.20m。

卫生间与老年人卧室宜邻近布置。卫生间入口的有效宽度不应小于0.80m。宜采用推拉门或外开门，并设透光窗及从外部可开启的装置。卫生洁具的选用和安装位置应便于老年人使用。公用卫生间和公用浴室入口的有效宽度不应小于0.90m。公用卫生间中应至少有一个为轮椅使用者设置的厕位。

15.商业建筑

商业建筑的划分较多，有购物中心、复合商业建筑、专卖店和综合超市等类型。

大中型商店建筑在总图设计上应做到有不少于两个面的出入口与城市道路相邻接；或基地应有不小于1/4的周边总长度和建筑物不少于两个出入口与一边城市道路相邻接；基地内应设净宽度不小于4m的运输、消防道路。主要出入口前，应设相应的集散场地及能供自行车与汽车使用的停车场地。总图布置应按商店使用功能组织好顾客流线、货运流线、店员流线和城市交通之间的关系，避免相互干扰，并考虑防火疏散安全措施和方便残疾人通行。另外，大中型商店顾客卫生间设计应符合下列规定：①男厕所应按每100人设大便位1个、小便斗或小便槽1.20m长；②女厕所应按每50人设大便位1个，总数内至少有坐便位1～2个；③男女厕所应设前室，内设污水池和洗脸盆，洗脸盆按每6个大便位设1个，但至少设1个；④如合用前室则各厕所间入口应加遮挡屏。

超市的设置应相对独立。在整体造型形象上应突出其强烈虚实对比的特征，营业大厅（自选厅）主体部分以实墙为主，主要依靠内部人工采光方式，因此可在入口门厅、休息厅或自动扶梯等位置处理相对通透些。自选厅部分的出入口要分开设置，出厅处每100人应设收款台一处。用以设置小件寄存处、进厅闸位、供选购物盛器堆放位以及出厅收款、包装台位等服务面积总和不宜小于自选厅面积的8%。自选厅的面积指标可按每位顾客1.35～1.70m^2计算。

在快题考试中，一般所出商业类题目不会太大，大家在平时学习中，应多关注中小型专卖店和超市等，以下几方面需尽量考虑到：

商店建筑外部所有凸出的招牌、广告均应安

全可靠，其底部至室外地面的垂直距离不应小于5m。商店建筑如设置外向橱窗时，橱窗平台高于室内地面不应小于0.20m，高于室外地面不应小于0.50m。橱窗应设小门，尺寸一般为700mm×1800mm。

营业部分的室内楼梯每梯段净宽不应小于1.40m，室外台阶的踏步高度不应大于0.15m，踏步宽度不应小于0.30m。供轮椅使用坡道的坡度不应大于1：12，两侧应设高度为0.65m的扶手，当其水平投影长度超过15m时，宜设休息平台。

营业厅中的主要楼梯、自动扶梯或电梯应设在靠近入口处的明显位置。商店营业部分层数为四层及四层以上时，宜设乘客电梯或自动扶梯；商店的多层仓库可按规模设置载货电梯或电动提升机、输送机。营业部分设置的自动扶梯倾斜部分的水平夹角应等于或小于30°；自动扶梯上下两端水平部分3m范围内不得兼作他用；当只设单向自动扶梯时，附近应设置相匹配的楼梯。

普通营业厅内通道最小净宽度一般为2.2～4.0m（由具体情况而定）。

顾客休息面积应按营业厅面积的1%～1.40%计，如附设小卖柜台(含储藏)可增加不大于15m²的面积；营业厅每1500m²，宜设一处市内电话位置（应有隔声屏障），每处为1m²；宜设服务问讯台。

营业厅柱网尺寸应根据顾客流量、商店规模、经营方式和有无地下车库而定；柱距宜相等，以便货柜灵活布置。

3.2 平面设计的切入角度

平面设计往往是从周边环境入手，与地形的呼应、朝向、景观、主次入口等内容上进行推敲，在大体“功能泡”确定后逐步细化，在此基础上需注意可对以下几方面进行运用：院落、中庭、天井、外廊、露台、片墙㊀、局部悬挑、地面高差等。比较忌讳做不规整形，或全为曲线形，在制图上自找麻烦，除非技艺十分高超娴熟，大多考生不必刻意追求这种方向与效果。平面设计应以简洁为主，在墙体基本确定后，需排列柱网的话则大体安排一下，同时注意兼顾立面效果。另外有几点需注意和强调一下：

（1）主楼梯间通常可与卫生间安排在一起，“边角料”空间可用来放置储藏室等辅助用房。

（2）交通联系部分面积够用即可，不要过大或过小。

（3）总建筑规模的面积有上下浮动，各个功能房间同样没有必要追求整数和严格丝毫不差，要求做50m²的房间，一般做到45m²到55m²之间的任一数字均可，只要房间的长宽比例合适并且没有大的尺寸误差即可。

（4）在某些快题任务书的要求下，在平面设计中需运用“化整为零”的设计手法。

3.3 立面设计的注意事项

立面设计主要是做效果，既要避免过于单调，

㊀片墙可直可曲，既可丰富立面和透视效果，也可起到引导、围合、挡露等作用。

同时又要注意不能过于复杂和花哨，容易零乱且用时较长。在立面的设计上可注意以下几方面的推敲与运用：屋顶、勒脚、材质对比、前后穿插、楼梯间、卫生间以及开窗样式等，现分别简述如下。（1）屋顶。屋顶可平可坡，当然也可平坡结合，平坡时注意使之最好有高低变化（见图 3-8），否则处理不当易单调化。若为坡屋顶，注意并非得做成古式模样，费力不讨好，可简约化处理（见图 3-9）。

（2）勒脚。勒脚的高度有的是表示室内地面的高度，有的直接做到窗台下沿，但具体高度多根据其在立面上的效果而定。一般注意其材质、色彩与墙面的区别，及在对应立面边缘转折处厚度的示意。

（3）材质对比。材质对比上最应注意的问题之一就是需有主次，尤其是虚实上，要么以实为主，辅之以虚（见图 3-10），反之亦然，忌讳和应避免的就是材质等分。

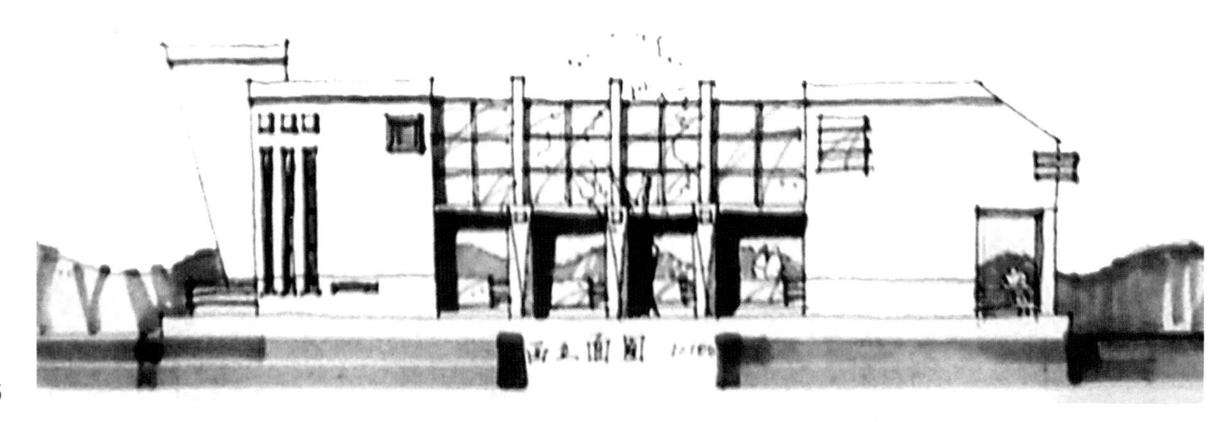

• 图 3-8 崔馨友 建学 05

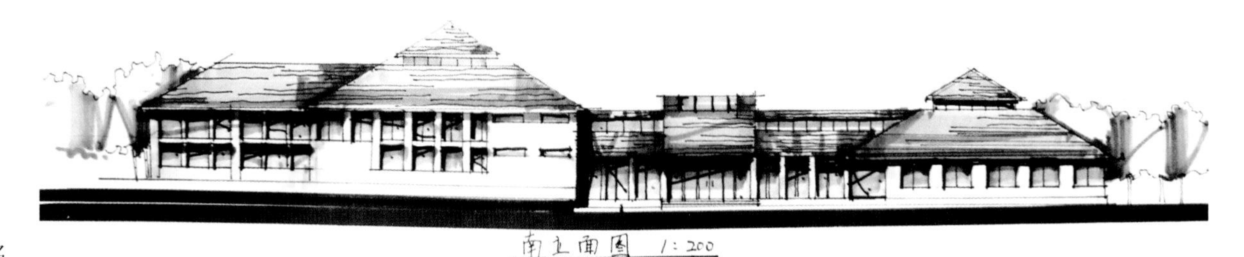

• 图 3-9 暂无名

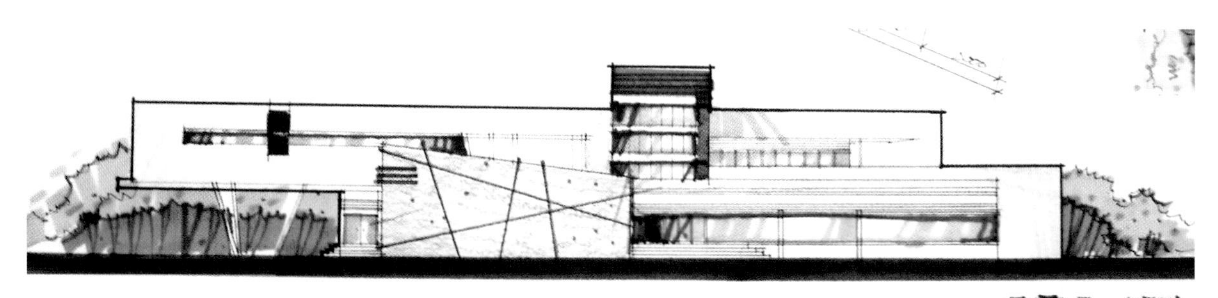

• 图 3-10 汤鹏 建研 04

(4) 前后穿插。前后穿插一方面可营造出光影效果，另一方面也丰富了进深层次，同时具备一定的观赏性以及趣味性（见图 3-11）。

(5) 楼梯间。楼梯间是立面设计里常会用到的一种造型要素，高出屋面或突出墙面，通透或封闭，有多种处理手法（见图 3-12）。

(6) 卫生间。卫生间由于其位置和开窗的要求，可以结合功能的需要进行立面的效果设计（见图 3-13）。

(7) 开窗样式。开窗样式除了等距单扇的样式外，还有成组的（见图 3-14）、竖条的、横条的、结合墙线的、凸的、凹的、大面玻璃幕的、点式

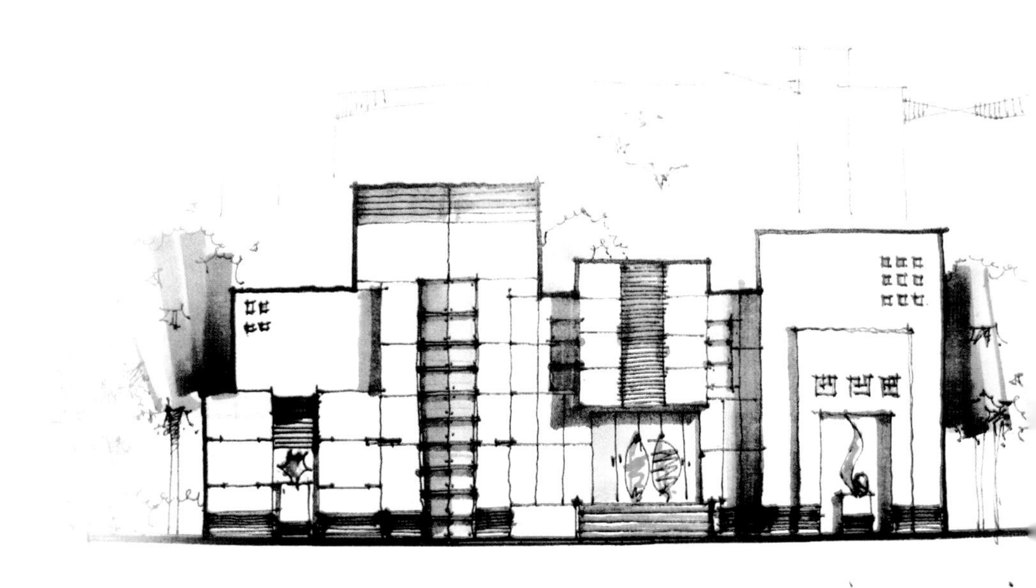

• 图 3-13 朱宁 建学 05

• 图 3-11 王逸群（临摹） 城规 06

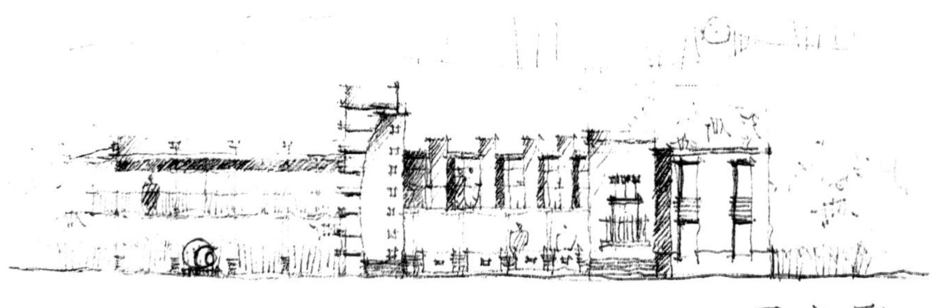

• 图 3-12 郭江 建研 05

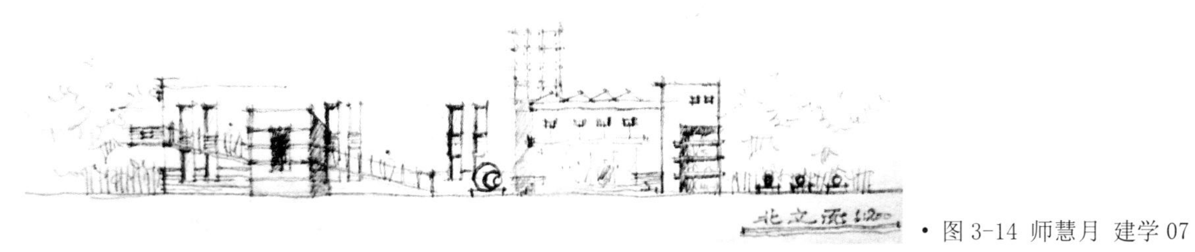

• 图 3-14 师慧月 建学 07

的等多种样式，平时有针对性地进行积累与总结。

立面设计力求突出光影效果，另外在制图上注意外轮廓和地面线需加粗，且有区分。

3.4 剖面设计的表达要点

剖面设计主要是考查大家构造和尺度上的基本概念。在剖面设计里，最为重要的一项即是剖线与看线的区分。在剖面的设计上可注意以下几个方面：女儿墙、室内外高差、梁及梁看线、标高，以及楼梯间的表示等（见图 3-15）。

（1）女儿墙。分为可上人和不可上人两种，通常我们画可上人的居多（0.9m 或 1m 高），但类似书报亭、传达室等小型建筑则画成不上人屋面即可。

（2）室内外高差。这里主要提醒一下，因为凭以往的经验看，由于时间紧等原因，有部分学生经常遗漏室内外高差的表达。

（3）梁及梁看线。不论是砖混结构还是框架结构，在剖面图中一般都会画出梁及梁看线。

（4）标高。剖面中的标高不要遗漏，在标注时位置既可统一在剖面图的一侧，也可在各层内部标注，根据构图的均匀性而定。另外注意各层的层高位置上均应有标高表示。

（5）楼梯间的表示。当任务书中没有明确要求一定要剖楼梯间时，剖面则根据版面构图等需要灵活处理剖切位置。当剖到楼梯间时，注意楼梯踏步在 1:200 的剖面中不必具体画出每个踏步的高宽，一个梯段由斜线直接表达即可，另外注意梯段的搭接梁需示意出来。

另外，剖面图相对立面而言容易“空”，显得东西少，因此可以注明房间名称，也可以示意性地画小人，一来丰富剖面内容，二来通过人物也可以表达一下空间的尺度感。另一方面剖面图里看到的部分不必做出光影变化（阴影部分易和剖线混淆）。

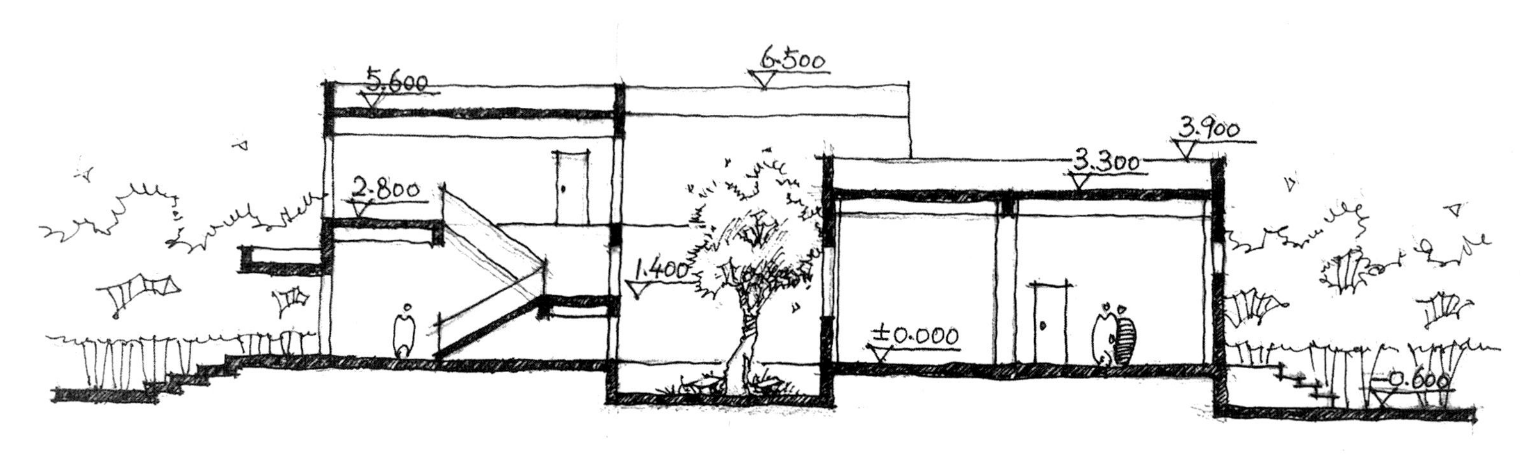

• 图 3-15 张庆平 建学 06

3.5 透视设计与绘制技法

1. 透视图视点的选择上通常有鸟瞰、虫视和人视三种。

鸟瞰，即高处俯视，多用于群体性建筑的表达，如小区规划、厂区设计和校园规划等（见图 3-16，图 3-17，图 3-18），由于鸟瞰除了建筑单体的两个侧立面外，还需绘出该建筑的屋顶平面（即所谓的第五立面），因此工作量相对较大（三个面的设计），当然由于视点相对较远，也可忽略其细部的某些设计。

虫视，即为低处仰视，多用于某些类型的建筑单体上的特写，如人民英雄纪念碑等，主要用意之一是可放大所绘建筑单体的尺度和体量感，

• 图 3-16 马骏超 建学 06

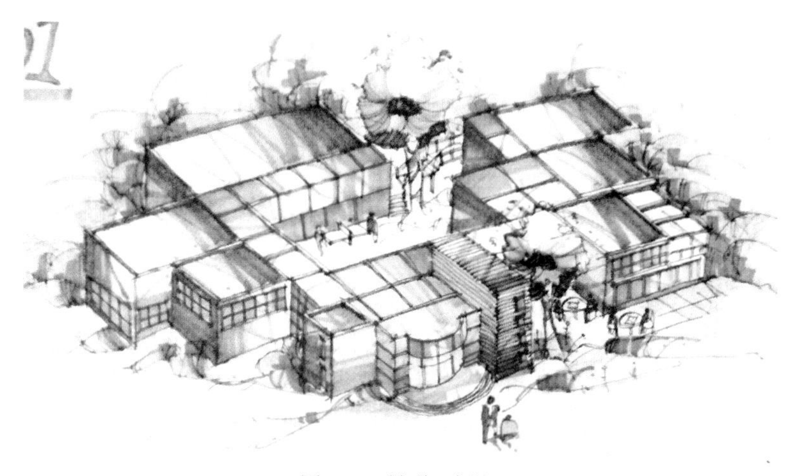

• 图 3-17 钟洋 建学 05

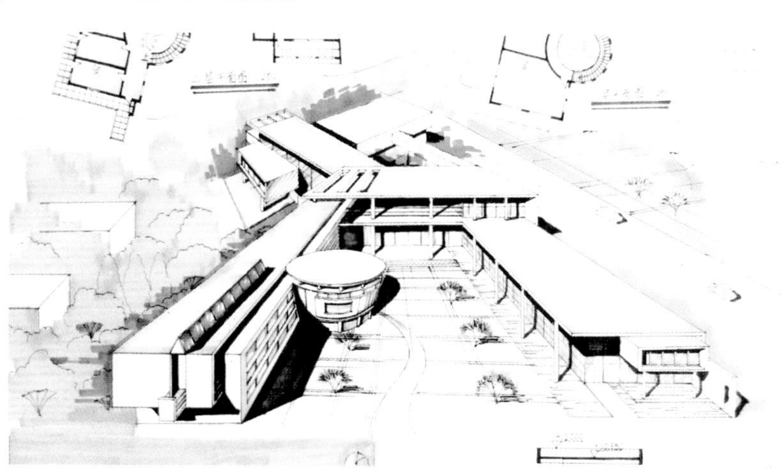

• 图 3-18 史瑛喆（临摹） 建学 08

在快题里使用相对较少。

人视，即为以平时我们在地面上的视角中所呈现的建筑形象，一般多为建筑的两个侧立面组成（见图 3-19，图 3-20，图 3-21），综合时间因素、投入精力和图面效果等考虑，建议大家在透视视点的选择上多以人视角度为佳。

2. 透视图的绘制根据灭点而定，通常分为一点透视、两点透视和三点透视。

一点透视多用于室内设计的表达上，由于只有一个灭点，通常相对两点和三点透视而言，其难度和表现力可能会稍低些，该灭点多位于图面的中心附近，与图面垂直的进深轴方向的线条指向该灭点。在建筑学专业的快题考试中，如果由于时间紧迫性等情况而无法深入刻画透视图，退而求其次的一种办法是将已绘制的一个主立面（通常要求绘制两个立面）改成一点透视图（见图 3-22，图 3-23，图 3-24）。

两点透视（人视角度）即展示所做建筑的两个侧立面（见图 3-25，图 3-26，图 3-27），往往是我们最为常用的一种透视画法，尤其推荐采用人视

• 图 3-19 于家兴 建学 07

• 图 3-20 周雯青 建学 07

• 图 3-21 徐榕彬（临摹） 建学 08

• 图 3-22 黄廷显（临摹） 建研 06

• 图 3-23 路凌俊 建学 04

• 图 3-24 刘博慧 建学 06

• 图 3-25 高国健 建学 06

• 图 3-26 沈思 建学 05

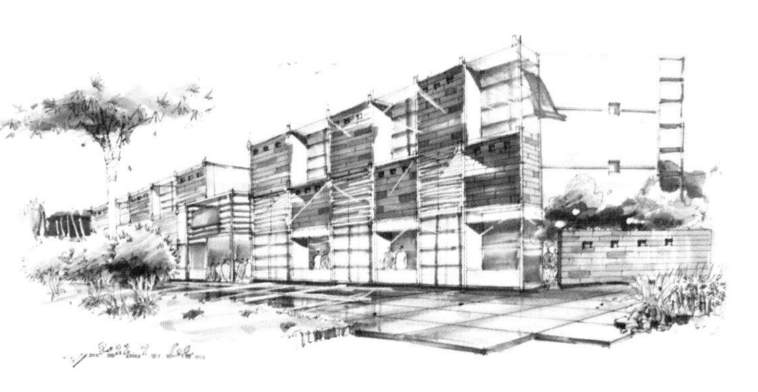

• 图 3-27 程果 建学 08

角度的两点透视。在后面我们将较为具体地展开介绍人视角度两点透视的绘制技巧与注意事项。

三点透视多用于高层建筑物的表达上，在两点透视的基础上，增加了竖向第三个灭点。在建筑学专业的快题考试中，几乎很少会用到三点透视图。

3. 人视角度两点透视图里的绘制技巧与注意事项。

首先，人视角度两点透视图，应确保两个灭点在同一水平线上，否则透视会变形失真。

其次，需注意灭点线位于两个主体侧面转折线靠下四分之一处左右较为合适，尤其不要将灭点线经过两个主体侧面转折线的二分之一处，那样两个主侧面均为等腰梯形，效果欠佳。

再次，需注意两个灭点距离两个主体侧面转折线不要相等，那样两个侧面没有主次，两个灭点应距两个主体侧面转折线一近一远，主要表现的那个侧面的灭点应较远些。另外，两个灭点的远近还需结合透视图在整个图中的位置考虑，若透视图位于整个图的右侧，则将远灭点位于左边较为合适，因为远灭点在右侧时很可能超出图甚至画板之外而无法定位。

最后介绍一下在两个侧面里进行等分处理（如开窗、排柱等）的一种简便快捷的方法——对角线法。当在一个面里进行2等分、4等分或8等分时，在需等分的矩形框里做两条对角线，再由对角线的交点做垂线即为该矩形框的等分线。当将一个面进行3等分、5等分或7等分时，在需等分的矩形框里做一条对角线，然后将两个主体侧面转折线进行3等分（以3等分为例）并将两个等分点与该侧的灭点相连，再由与对角线相交的交点做垂线即为该矩形框的 3 等分的等分线，也可将该侧面的两边转折线分别进行 3 等分，对应的等分点相连，再由与对角线相交的交点做垂线亦可（见图 3-28）。

4. 透视图中的配景

配景对透视图的效果有着不可或缺的重要作用。在透视图中的建筑和配景均需遵循近实远虚的绘图规律，而配景的重要作用之一就是营造气氛和完善画面。

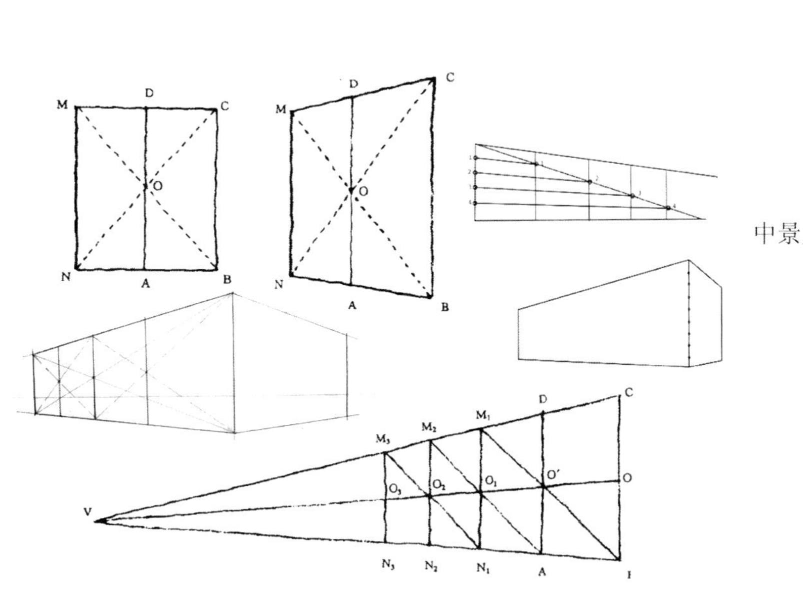

• 图 3-28 等分透视图的对角线法

配景部分需在平时积累一些快速有效的画法，在不同的快题考试和工作实践中可以重复使用。因为配景属于相对固定的部分，因此应事先练熟练好，尤其忌讳在考试现场推敲和创作配景部分，时间上得不偿失。现将几类常用配景做一说明介绍。

人物。配景中的人物需掌握近、中、远三个层次的画法（见图 3-29），另外在人视角度的透视

• 图 3-29 配景人示意 冀俊亮 建学 06

图中近、中、远三个层次的人物应符合"人头一线"的规律。

树木。配景中的树一般画出两个层次即可，前景树和背景树。前景树通常位于主体建筑的一侧（左侧或右侧根据构图而定），并不必追求枝繁叶茂，那样一来可能喧宾夺主，二来耗用时间多，因此以简洁风格为妥（见图 3-30）。背景树根据主体建筑的繁简风格，对应采用简繁画法，即若建筑本身较为繁复，则背景树简约化处理，反之亦然。

建筑小品。配景中的建筑小品在强化透视、入口引导、增加对比等方面都有着其他配景类型不可替代的作用（见图 3-31），因此在透视图中应有意识地组织建筑小品的布局。

汽车。配景中的汽车相对其他配景类型的画法较难掌握，其透视随着建筑视点及街道走向的不同而不同，不像其他类型的配景方向具有固定性。虽然大家投入一定的时间和精力都可以练好，但综合投入产出比，尤其当考试时间日益临近甚

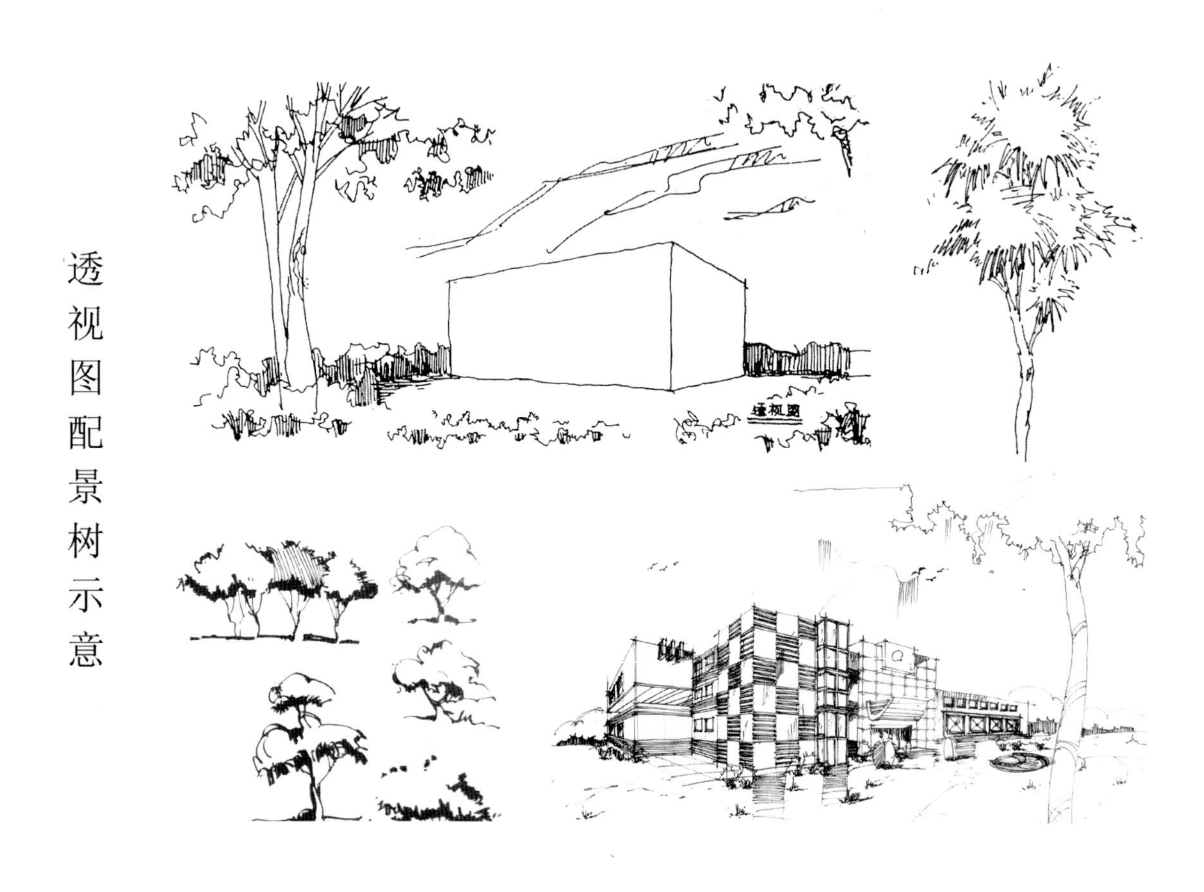

• 图 3-30 配景树示意 张慧娟 建学 07

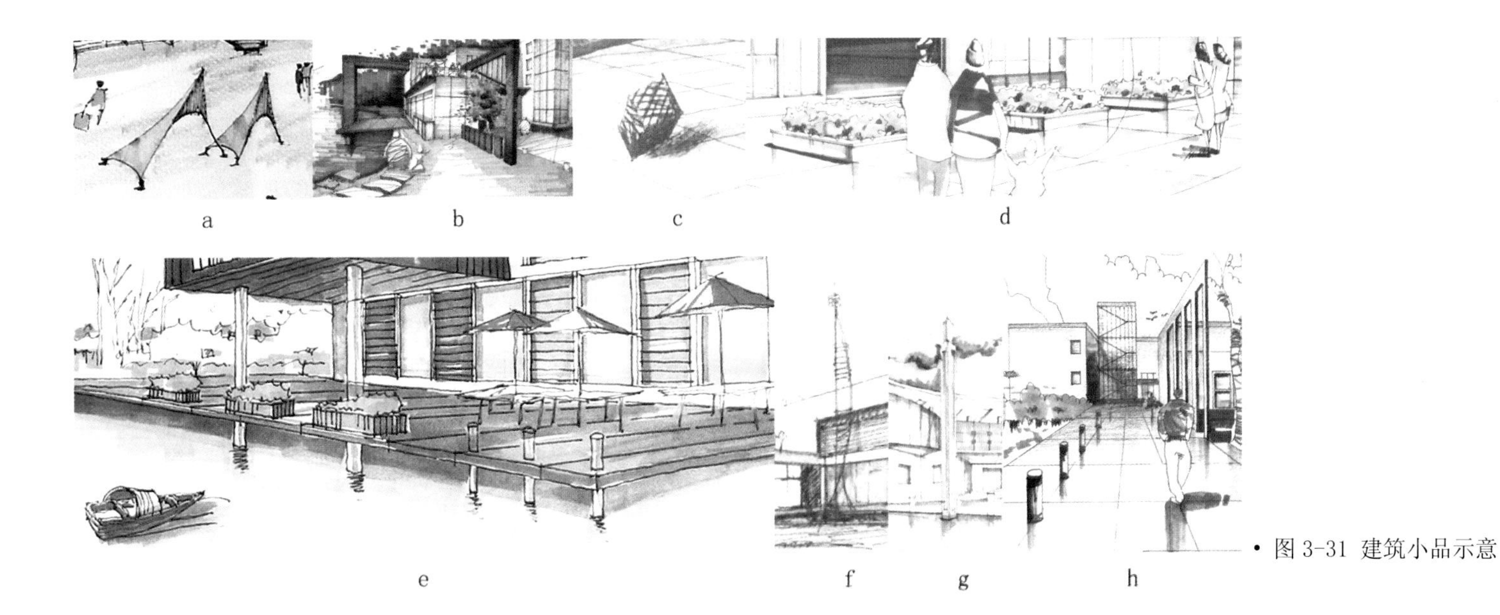

• 图 3-31 建筑小品示意

至迫在眉睫时可以避开不练，靠其他几种配景完全可以将环境气氛营造得相当丰富（见图 3-32）。当然，如果想画汽车并且时间允许，可以画远景正向的汽车，或采用简洁的绘制手法来表达小汽车的透视感（见图 3-33），可参考建筑论坛 ABBS 网站中匠人无寓提供的画车方法。

• 图 3-32 史瑛喆 建学 08

天空。配景中的天空一般由云、鸟、远景高层建筑剪影及近景树的局部树冠部分等（见图3-34）组成，相对地面景物而言，天空上的内容较少，不必也不宜做过多处理。

水景。配景中的水景一般由岸边平台、矮柱、船、荷叶及其它们的倒影等组成（见图3-35）。在快题任务书中有水景的几率较多，建议大家有意积累一种船的画法，比较能出效果。

• 图3-33 画车步骤 杨俊鹏（临摹）建学09

• 图3-34 天空可表达的内容

• 图3-35 水面可表达的内容

课题 4
构图

快题里构图的核心原则就是均匀饱满。均匀即指各图块（平面图、立面图、剖面图、总平面图和透视图）之间以及图块和边框之间的空隙间距要大体相等（见图 4-1），不要此疏彼密。饱满即指在图纸上的空白不宜太多，宁可稍挤而非大面积留有空白，当图纸数量没有具体规定时，能在一张布置开的话，绝不用两张（每张都不太饱满，给人分量不够、信息量不足的感觉）。绘

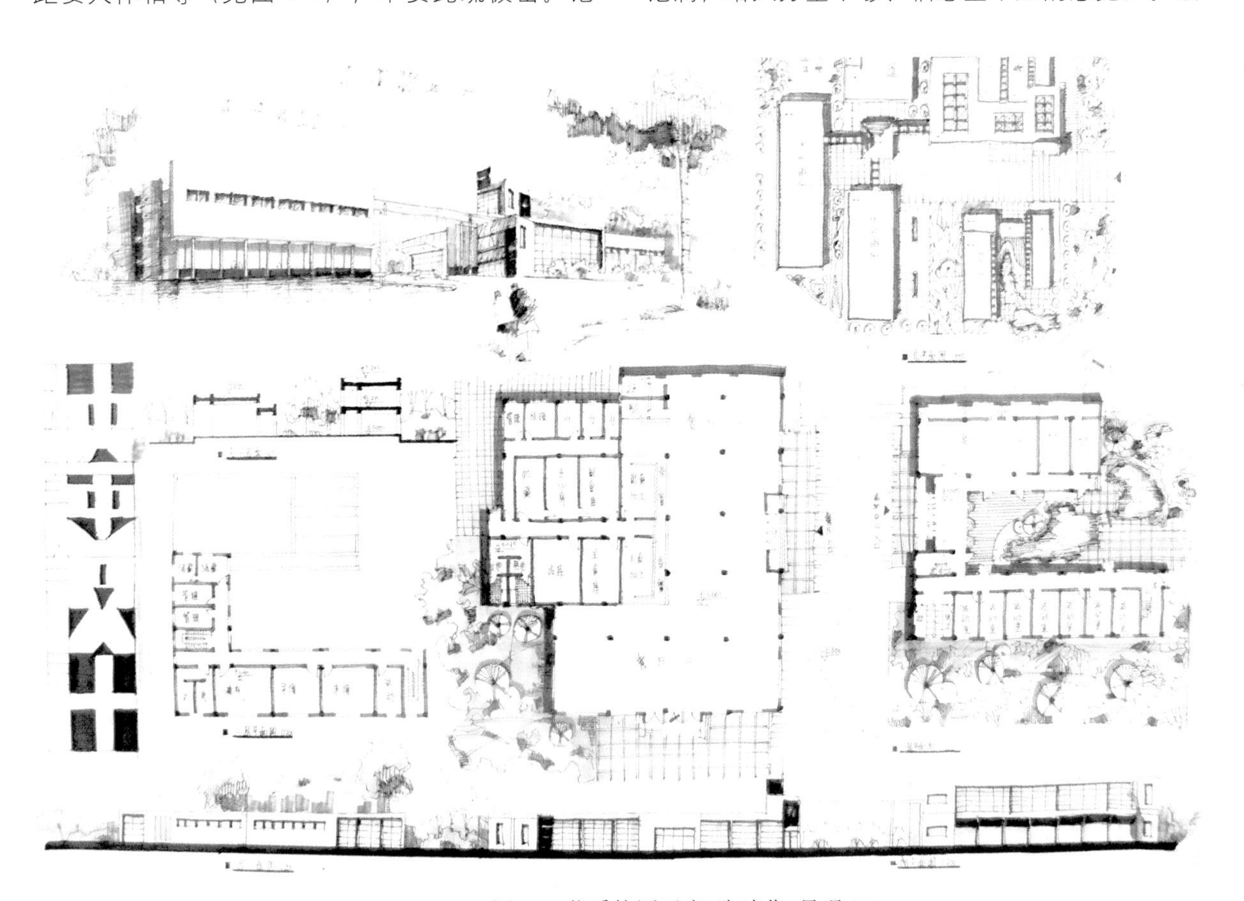

• 图 4-1 优秀构图示意 陶建华 景观 07

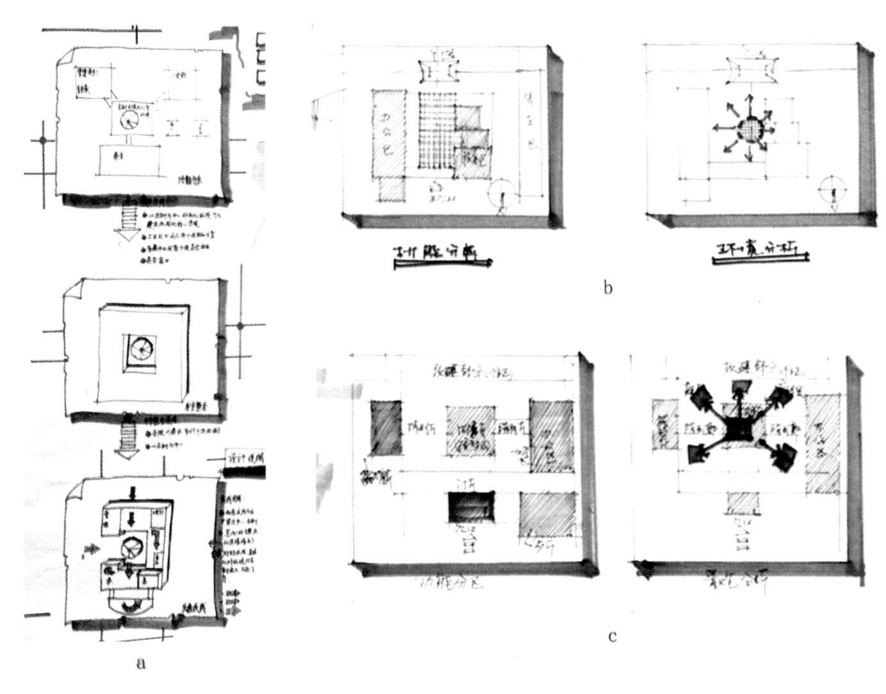

• 图 4-2 分析图

• 图 4-3 技术经济指标

制完平、立、剖、总平面和透视图后，在构图上可用来填补空白的可有以下几项。

4.1 文字说明

任务书没有明确规定是否需要写时，可根据构图需要来取舍是否写出，以及要写时内容的多与少。可给文字说明部分加上图框，进一步加上阴影，一来增加文字说明部分的分量和立体感，二来进一步填补空白。另外注意分两级字号。

4.2 分析图

分析图通常都是根据图面的需要而定来考虑是否画出（除非任务书明确规定要求画出分析图，则必须画出），以及画几个。

一般可有流线分析、体块分析、环境分析和功能分析等。可在画出的分析图基础上分别加上图框，进一步加上阴影，一来增加分析图部分的分量和立体感，二来进一步填补空白（见图 4-2）。

4.3 技术经济指标

这一项通常需要写出。内容有：基地面积、建筑面积、容积率、建筑密度、绿化率以及建筑层数等。根据图面的空白多少来决定技术经济指标里所写的内容，一般不少于三项。可给技术经济指标部分加上图框，进一步加上阴影，一来增加技术经济指标部分的分量和立体感，二来进一步填补空白。另外注意分两级字号（见图 4-3）。

4.4 大标题

如“某社区活动中心快题设计”、“某公园茶室快题设计”等，字号在图里应是最大的。针对图幅为 A1 和 A2 大小的图纸，每个字的字框以不大于 4cm 为宜（经验值）。大标题字的写法有如下几种：①透明纸上的空心字。当用拷贝纸或硫酸纸作图时，可先在草稿纸上写上单线的标题字，然后将拷贝纸或硫酸纸蒙在其上，沿单线外围写出空心字；②不透明纸的轮廓字效。先用马克笔的宽头直接书写（相对浅色），后用马克笔的细头沿字外围描一遍（同色系的相对深色），描的另一作用是将字形进一步进行修整；③不透明纸的立体字效。先用马克笔的宽头直接书写（相对浅色），后用同色系的相对深色或深灰色马克笔为其加阴影，一来使标题字具有立体感，二来将字形进一步进行修整（见图 4-4）。

4.5 配景拓展

一层平面、总平面、透视、立面和剖面图的两侧与天空部分的配景拓展，一来丰富局部效果，二来充实整幅画面。

4.6 背景树串联立、剖面

通常任务书都是要求绘制 1 ～ 2 个立面图和 1 个剖面图，可将其通过背景树串联起来（见图 4-5），充实构图且增强整体感。

另外，整体版面上分为横向和竖向两种构图。对于 A1 图幅而言，由于竖向构图在绘制时距离图板上半部分相对较远，且丁字尺伸出板外较多，因此采用横向构图居多。在横向构图里，一般将一层平面图放置于左上部分（距离丁字尺的头部较近，一来丁字尺头部比尾部稳些，二来尺上刻度头部比尾部也好计算些），其对应的下面图域

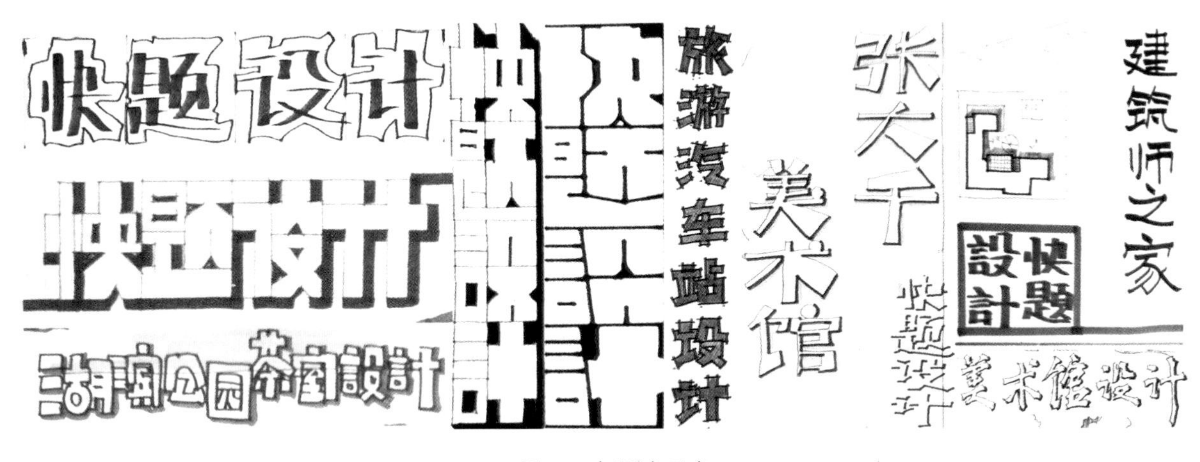

• 图 4-4 标题字示意

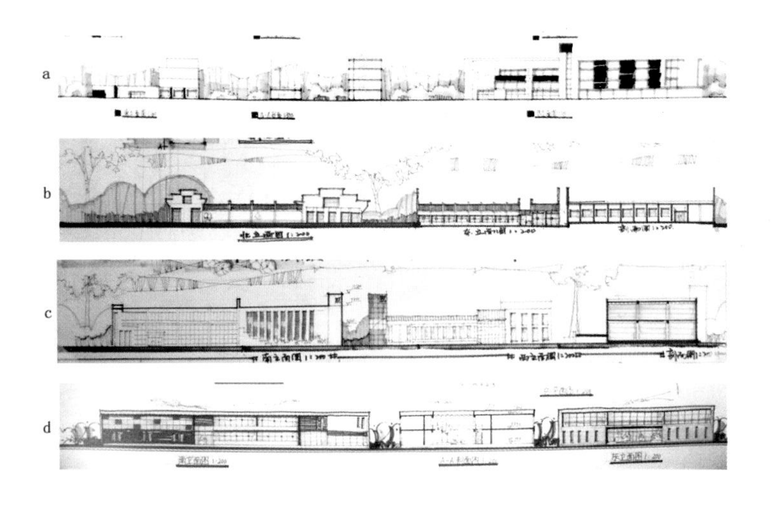

• 图 4-5 两立一剖的串联样式示意

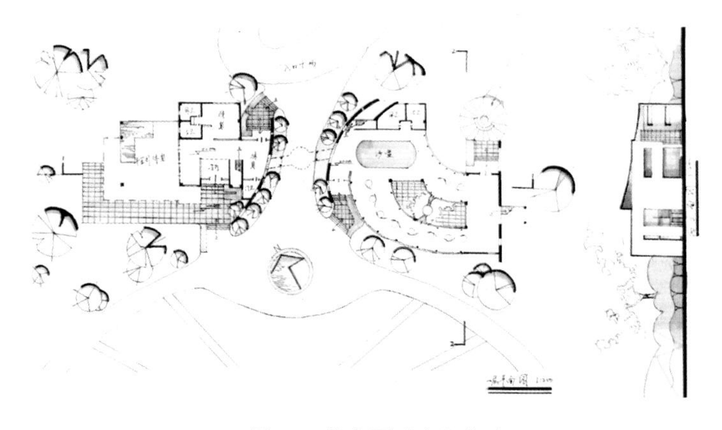

• 图 4-6 将立面“立”起来

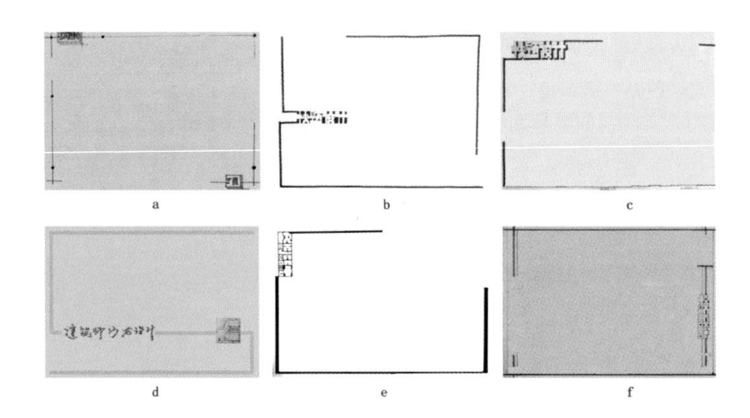

• 图 4-7 图框样式示意

直接尺规绘制相应的立面较为方便，但另一立面如果如法炮制〝立〞起来（见图 4-6），虽然也是方便了，但图面效果不佳，况且阅卷老师在评图时也不方便，因此不提倡另一立面如此处理。

再一点需交代的是快题里的构图不同于建筑设计课程里的长周期设计作业和建筑设计竞赛中构图的多类型选择上，后两者可以倾斜一定角度追求，某种变化与效果，而在快题中没必要在这方面花心思，将平面、立面、剖面等都旋转 30° 或 45° 甚至其他不好控制的角度，那相当于给自己找麻烦，大大徒劳增加不必要花费的时间和工作量。

最后需强调的一点就是图框的选用上也是结合构图而定，快题里的图框不必像一般工程图里的那样完全封住，根据构图等需要，图框本身也可有一定的设计成分，在细节上体现了一定的设计修养（见图 4-7）。

课题 5
绘图步骤、墨线线条与配色

5.1 绘图步骤

当快题设计任务书要求仅限铅笔稿成图作品时，应注意铅笔稿的表达深度，尤其是透视图部分，其造型、明暗、光影等部分的表达效果对整体图面往往起着至关重要的作用（见图5-1，图5-2）。当然，多数快题设计任务书还是要求成果图为墨线加色彩的作品，以下就针对从铅笔稿阶段到墨线稿阶段的绘图步骤进行阐述。

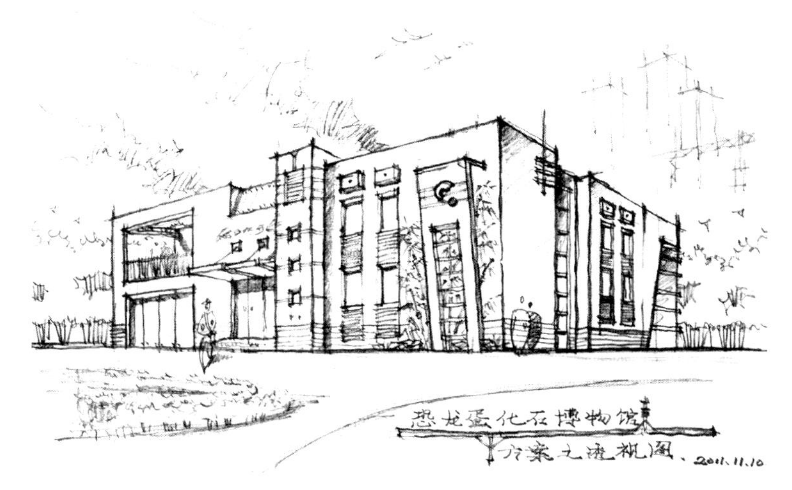

• 图 5-1 师大伟 建学 08

首先，在正图的铅笔稿阶段，建议选用HB、H、2H或3H等H系列的硬铅笔或不易断芯的自动铅笔，若为B系列的软铅笔，在擦拭时易脏易黑，且纸易擦毛（上墨线时易洇开）或擦破（尤其是在拷贝纸上时）。铅笔单线绘制平面墙体的中轴线，没必要在铅笔阶段绘制墙体的双线（过于费时费神），当有些铅笔单线画错不需要时，可在其上打一小叉，然后在旁边将正确的铅笔单线画出即可，尽可能地减少橡皮的使用次数，以及橡皮与铅笔之间的交替频率，由于H系列的铅笔痕迹较轻且墨线的深度远大于铅笔的灰度，因此在快题

• 图 5-2 汤鹏 建研 04

作品中最后完全可以保留铅笔的错线、辅助线和未被墨线盖住的铅笔线条而不必将其擦去，从而将从中赢得的时间用于其他图块的绘制与表现上（见图 5-3）。

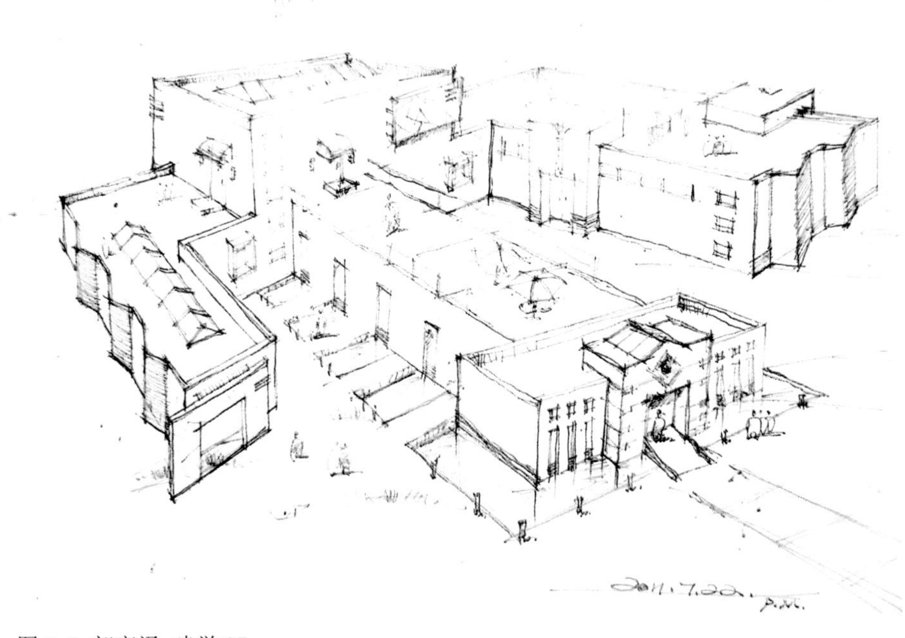

• 图 5-3 郭奕泽 建学 07

当平面墙体中轴线基本确定后，可将房间名称大体标注一下（尤其是当任务书给出的房间名称较多时，为避免后期混淆以及设计立面时的参考需要，更应该将房间名称大体标注）。该阶段因是铅笔标注，因此不必追求字迹的整洁工整，潦草些都无关大碍，原则是自己能够辨认即可，而且能用简化字的尽量用简化字标示，如"餐厅"、"厕所"、"混凝土"等名称均有其简化写法。另外，对于名称相同或功能相似或同类的房间，可用一字（词）加一波浪线囊括之（见图 5-4）。

不论何种性质和类型的建筑，一般都会有楼梯间和卫生间，因此对于这两者在铅笔稿阶段的画法深度有必要交代一下。

（1）楼梯间。首层、中间层和顶层楼梯间的铅笔稿深度如图所示（见图 5-5），踏步数没必要在铅笔稿阶段画出，后期直接上墨线画出即可，当然若不确定踏步宽度，则可用铅笔和尺画出一节踏步，其余的在后期照着这一节铅笔踏步宽度

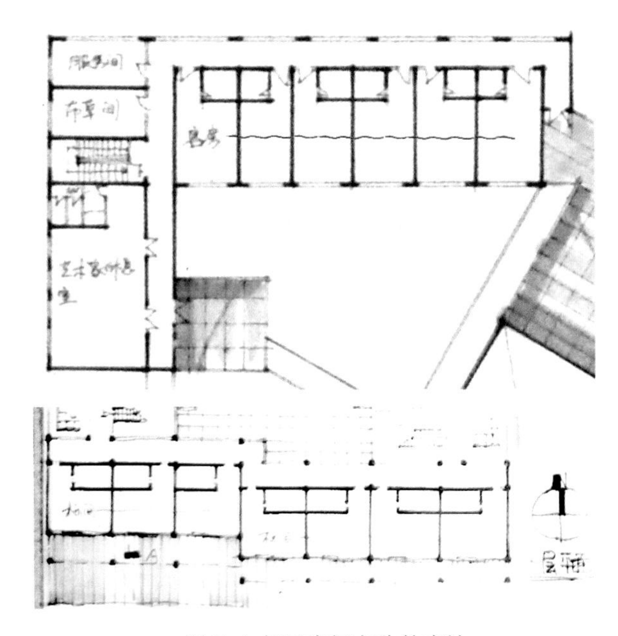

• 图 5-4 相同房间名称的表达

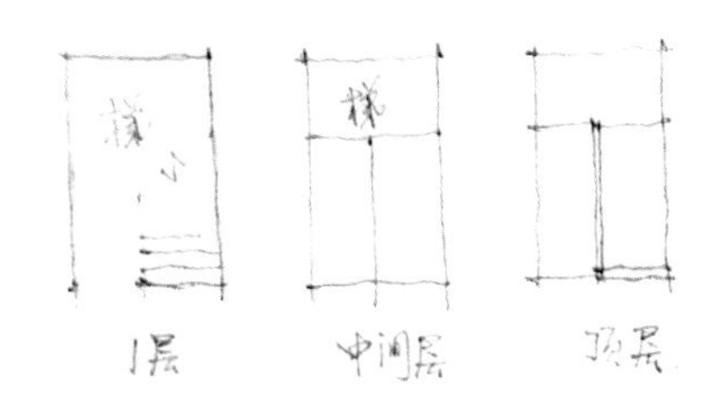

• 图 5-5 楼梯间铅笔线阶段控制的深度

（目测）直接用墨线画出。另外，楼梯间的起始踏步可与其旁墙体的转折处适当地错开一些，其余部分直接在墨线阶段解决即可。另外，当需做封闭楼梯间时（如某些文化类建筑等，对防火等级要求较高），需在楼梯门处留出需要的空间，可在铅笔阶段画出楼梯间的门，以防后期墨线阶段在此有小失误，一来是楼梯门宽（双扇）大于等于其梯段宽度，二来是门朝向问题，地面层的楼梯门朝外，楼上的楼梯门全朝向楼梯内。通常在快题里需做防烟楼梯间的情况很少（注册建筑师资格考试中的快题除外）。

（2）卫生间。在快题中画卫生间时，男女卫生间按等面积处理（从实际更趋合理和人性化角度讲，女卫生间应比男卫生间面积大些），并应有意识地将其前室画出。卫生间的高差线标示在前室和走廊之间那里。另外，当任务书有要求布置卫生间的洁具时则需将蹲位、小便斗（或小便池）、盥洗池和洗手池等画出，否则不必表示出来洁具的布置以及地面铺砖等。卫生间的铅笔稿深度如图所示（见图 5-6）。

当铅笔稿阶段将墙体中轴线基本都画出后，接下来不必急于上平面的墨线，而是应该进入主立面或透视效果的设计阶段（主立面也应是透视里的主侧面，且当要求绘制两个立面时，起码应保证其一在透视中出现或绘制的两个立面即为透视中的两个侧面）。主立面或透视可先在草稿纸

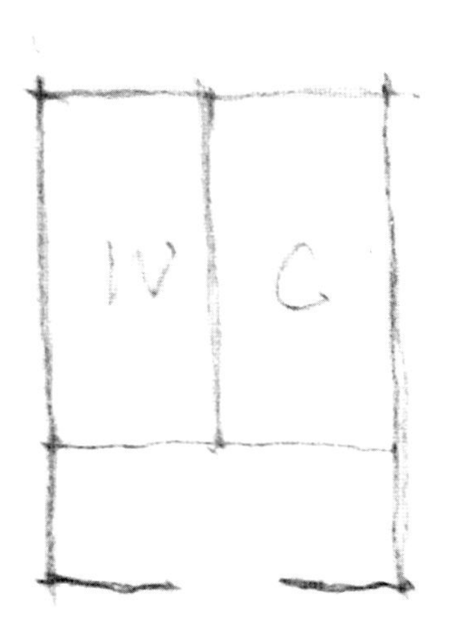

• 图 5-6 卫生间铅笔线阶段

上大体推敲其效果，基本想法出来并明确后再上正图，主立面或透视的效果是得分重点，因此在该环节上需舍得投入一定的时间与精力。前期在绘制平面时不宜过于深入地考虑的另一方面是基于根据主立面或透视效果的需要，可能会修改对应的部分平面。当立面、剖面、总平面和透视图（包括建筑本身和部分配景）的铅笔稿均基本绘制完成后，方可进入上墨线环节。其实，铅笔阶段能够一气呵成地完成应属上策，避免频繁地更换铅笔与墨线笔的交替使用，而且后者更易将图面蹭脏。在使用墨线笔后，同理也要尽可能地减少铅笔的使用，除非某些不肯定的部分需要确定或是定位。因此，大家在快题考试中，不要因为周边考生的进度（部分考生习惯性地画完铅笔稿的平面，紧接着就开始上平面的墨线，之后才是立面等部分，这实乃下策）而乱了自己的计划与安排，我们看的或比的不是过程，而是在交图时的最终效果。

上墨线时，通常从平面开始，首先用细笔墨线将门、窗的位置线和栏杆线徒手画出（见图5-7），先画门、窗的位置线和栏杆线的目的是以防后面在用宽笔画墙时不小心将门或窗封住。然后用一定宽度的宽笔墨线沿着铅笔稿的墙体中轴线直接画墙（见图5-8），通常油性马克笔的细头基本为比例1/200平面墙体的厚度。之后再是用细笔墨线画出楼梯踏步、入口处标高、入口踏步、坡道和房间名称的文字（墨线部分的文字可稍减速，需较为工整地写出）等细节部分（见图5-9）。

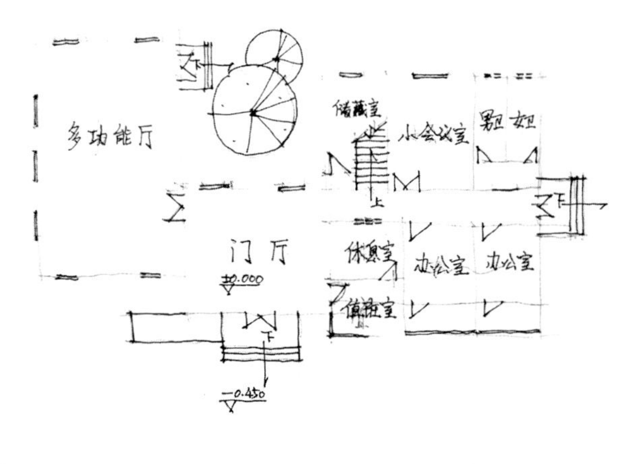

• 图5-7 墨线阶段的第一环节

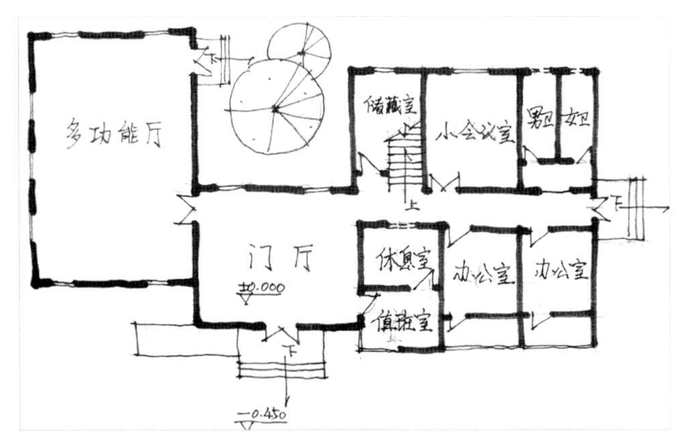

• 图5-8 墨线阶段的第二环节

剖面图中的宽细笔画法同平面，另外立面图（立面的外轮廓加粗，地面线相对最粗）、总平面图（建筑外轮廓宜加粗）和透视图基本全为细笔墨线，用细笔墨线一气呵成即可。

墨线基本全都绘制完成后，不要先急于上色，而是应该进入上阴影阶段。丰富的光影效果才能展现所画内容的立体感与层次感。上阴影时建议用深灰色马克笔，一来马克笔由于自身的宽度而比用细墨线排线表示阴影要快，二来若用全黑色画阴影易与之前的黑色墨线混淆且可能会盖住部分之前所画墨线而致其“前功尽弃”。我们在上完阴影部分后，如果已到了交图时间而未能来得及上色，那么由于已加阴影而具备较为明显的立体感与层次感，以及较为丰富的光影效果的黑白灰相对完整的表现，就不失为一种快题风格（见图 5-10）。在上阴影时，建议可参考以下顺序进行：透视图（最出效果的一部分，应首当其冲）——总平面图（展示总体体块高低关系与立体感）——立面图（体现进深与层次关系）——标题字（与前三者呼应，且使本身有立体感，强化效果）。

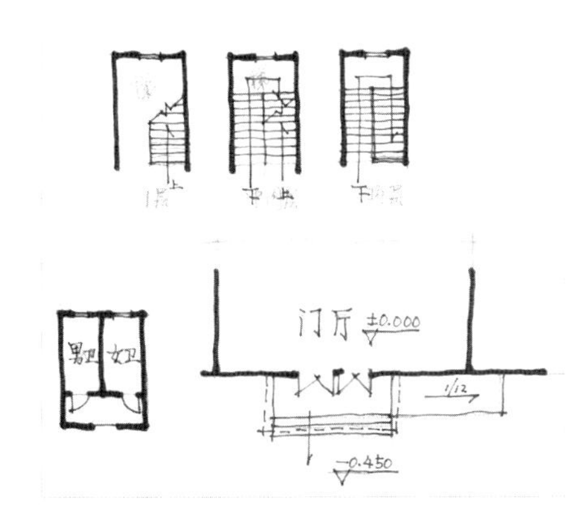

• 图 5-9 墨线阶段的第三环节

5.2 墨线线条

在上墨线阶段，既可尺规风格，亦可徒手风格，当然尺规和徒手也可以结合进行，建议多数同学可采用长线尺规、短线徒手的方式，这是快题中相对最为快捷上墨线的有效方式。有的同学基于种种原因，总想图面的所有部分都以尺规进行，但在立面图和透视图的配景环节是无法用尺规的，因此建议大家要熟悉和习惯运用徒手线条来表达。尤其在快题中，由于时间的紧迫性，当用丁字尺和三角板等工具来绘制短线部分时，明显不如完全徒手进行得自如和快捷。

不论是用尺规还是徒手进行的墨线表达，均需把握的原则之一就是绘制时的放松流畅，即忌讳的是拘谨，何谓拘谨，主要是指（见图 5-11）：

（1）线条的头重脚轻和头轻脚重。由于紧张或赶时间等因素致使线条的起笔和收笔处表现出明显的用力不均。应该用力均匀地进行每一线条的绘制。

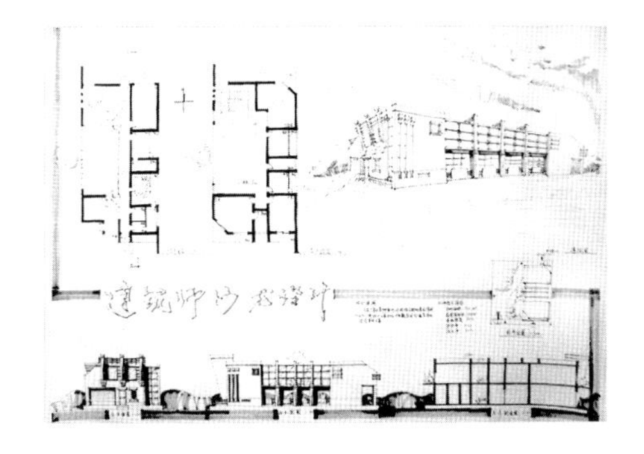

• 图 5-10 崔馨友 建学 05

（2）长线条分段画时，段与段之间的首尾搭接。这一点是在进行徒手绘制一条长线条时，有时需要分成两三段来进行。每段之间可略微空开，不提倡首尾的“准确”搭接，那样一条长线条上会出现“关节”的点状现象而不佳。

（3）相交线条的交接处理。有些同学受平时做建筑课程设计长周期作业的影响，在快题里习惯性地将两线条的相交处“严丝合缝”，甚至追求电脑 CAD 的搭接效果，这样做所花费的时间和精力成本都是徒劳的。不论是平面还是透视等，由于快题里速度感和惯性的体现，很自然地会出现有搭接出头的现象，这在快题里是非常自然和常见的情况，因此没必要追求“严丝合缝”，当然搭接出头也没必要刻意为之。

另外，在徒手绘制墨线时还有一种情况就是想追求尺规的“直”而过于拘谨于一条线条的局部，即明明想画一条水平线，看其局部都是直的，而整体却倾斜了，这就是拘泥于局部而忽视了线条整体的把握。既然是徒手绘制的线条，因此就没必要去追求尺规的效果，徒手线条有其本身的特色与魅力，即“大直小曲”，不拘泥于局部，而是关注线条的整体走势即可，这也是线条放松流畅的保证。

5.3 配色

在快题表现里，虽有水彩、炭笔、彩铅等多种用笔表现手法，但最常用且快速有效的一种即为马克笔（或称为“麦克笔”）表现。马克笔表现相对彩铅等用笔而言较为奔放而快捷，是快题考试中的首选，在细部可辅之以彩铅用以细腻表现。

快题图整幅画面的色调统一是关键，若最后距离考试结束的时间很紧，色彩只能上透视图（或是立面图、总平图等部分）的局部或全部，则不如不上色彩，而是把各部分的阴影全部上完，这样在交图时图面调子还是协调统一的，因此不论是局部上色还是整体上色，心中始终要有全局意识。在上色环节，用色不宜过多，而应注重色彩的搭配与呼应，

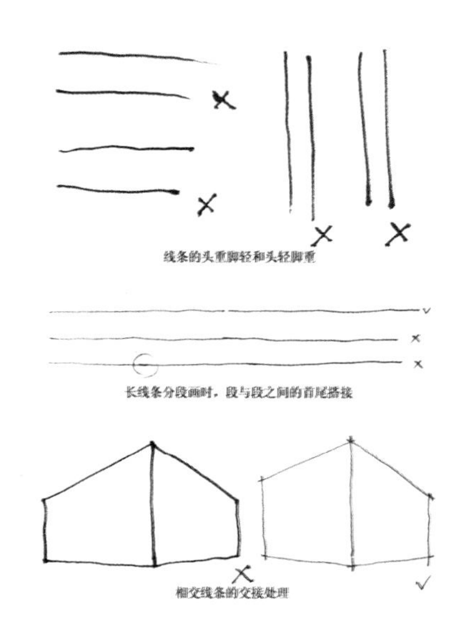

• 图 5-11 钢笔线条示意

• 图 5-12 朱宁 建学 05

一般现场所用的马克笔支数，少则 3 ~ 5 支，多则 7 ~ 10 支即可（见图 5-12），用色过多时，图面易“花”、“碎”、“乱”和“脏”。

在平时的练习中可有意识地积累几种搭配合适的马克笔笔号，这样可以在紧张的快题考试里运用自己熟知的色彩搭配，避免考试现场选择、推敲色彩搭配是否协调的找笔试色过程，从而赢得这部分可观时间用于考试中的其他部分。例如，马克笔“霹雳马”（PM）这个牌子里，我们可用 PM109 刷建筑亮面，PM112 刷建筑暗面，PM114 刷阴影，这三种笔号属于冷灰系，建筑局部小块面积（如勒脚等部位）可用暖色笔号 PM96 和 PM69 来增加对比度，玻璃、天空以及水体等可结合运用 PM48 和 PM142 进行上色，绿化部分可结合运用 PM31 和 PM187 进行上色（见图 5-13）；再以马克笔“Touch”这个牌子举一例，我们可结合运用 G43、G46、GY103、R10、GY48、YR21、B66、B67 和 CG4 这 9 种笔号对立面图或透视图进行上色（见图 5-14），也可以获得比较协调的色彩搭配。

另外，一般在用钢笔上完墨线底图后再用马克笔上色时，马克笔经过墨线时极易将墨线蹭开和抹脏。对此情况的应对措施，要么就是在铅笔底稿后，先用马克笔上色，之后再上墨线；要么就是用不易蹭脏的碳素笔（如德国产的“施德楼”牌）、草图笔或易干的中性笔等代替钢笔即可。

在选笔用色上还有以下 9 点值得注意：

（1）在大面上不要选用较为“亮”和“艳”的纯色，而应用调和色或灰色系，即使是红和绿，也不要用大红或翠绿，在小色块上可用较为“亮”和“艳”的纯色增加对比，如配景人的衣服或旗子等小色块部分，另外灰色系列的马克笔可多备几支。

• 图 5-13 赵笑阳 建研 09

• 图 5-14 马俭亮 艺设 08

（2）在图面的整体冷暖色调上要有主次，要么以暖调为主，辅之以冷调用以对比，要么以冷调为主，辅之以暖调用以对比。

（3）在透视图的进深层次上，一般近处偏暖，远处偏冷，如通常在表现远山时多用冷灰或青色系列（除非夕阳映照下的特殊暖色效果）。

(4) 在建筑的一个面上，用色方面一般上部偏深，下部偏浅（地面反光等因素使然），通常可由该面对角线（顺应或平行光源方向）的大致方向进行深浅控制。另外也有上下部位偏重，中部靠下部位偏浅，以及左右两侧偏重，中部靠右部位偏浅等处理方式，可看做是抽象的仿退晕效果。

(5) 在墙面、玻璃窗、地面以及前景树等部位的上色可运用复色原理进行，即一个面上用同色系的深浅两种色绘制，先浅色后深色，且浅色面积需大于深色面积，另外注意深浅两色的差距不要太大，接近一些为妥，如最后时间允许可在复色基础上加以同色系的彩铅增加细部表现效果，提高可看性和表现力。

(6) 平面的绿地、水体以及铺地在用马克笔或彩铅上色时，一种是水平排线，或者说大体方向应是水平向，辅之以若干斜线（接近水平）用以对比和变化，不以竖直线为主，或者干脆就不用竖直线；另一种是针对绿地和水体而言以曲线为主沿边界的排线用笔方式，后者相对前者较快一些，至于选用哪种画法，由整体图面效果而定。

(7) 立面图和透视图里的背景树以及天空在用马克笔或彩铅上色时，注意应是竖直排线，或者说大体方向应是竖直向，辅之以若干斜线（接近竖直）用以对比和变化，不以水平线为主，或者干脆就不用水平线。

(8) 透视图里的绿地、水体以及铺地在用马克笔或彩铅上色时，应以水平线和灭点线为主。透视图里的绿地在用马克笔或彩铅上色时，应使用水平排线和倾斜排线（接近水平）两种方式，不用竖直排线，靠近建筑用色偏重，远之偏轻，由重到轻过渡；透视图里的水体在用马克笔或彩铅上色时，水平排线为主，辅之以竖直线（表示倒影），不用斜线，可用复色，岸边偏重，靠中部和下部偏轻，由重到轻过渡，水面应有高光留白部分；透视图里的铺地在用马克笔或彩铅上色时，以主体建筑的灭点线方向排线为主，可辅之以竖直线（表示倒影），或者全为主体建筑的灭点线方向排线，靠近建筑用色偏重，远之偏轻，由重到轻过渡。

(9) 宽笔触为主，辅之以细笔触对比等丰富效果，忌讳以细笔触为主，那样的话体现不出马克笔的快速色块表达的魅力，细笔触排线是属于彩铅的特色，选笔用色上一定要匹配。

课题 6
时间分配

快题考试的核心之一是应在规定的时间内把图画完，因此在画各部分（如平面图或总平面图等）时最忌讳的方式之一就是深入进去反复推敲，甚至达到“忘我”、“忘时”的境界，快题考试不同于做平时的课程设计作业，一定要有强烈的时间概念，追求的是整体进度以及最终效果，因此应做到能从每一部分及时和适时地“跳出”，并合理地“跳入”该进行的下一部分。

根据考试性质（如课程快题、考研快题和求职快题等）和设计难度以及任务量的不同，通常有 3 小时快题、4 小时快题、6 小时快题、8 小时快题和一周快题等。前四种多用于考研和求职快题考试中，一周快题则多用于本科低年级的快题课程环节中。现对应用较多的 3 种典型性时间段（3 小时、6 小时和 8 小时）快题考试的时间分配及其相应阶段的注意事项进行一定的总结，大家可结合自己的切身实际情况进行参考应用。

6.1 3 小时快题考试时间分配安排

由于总时间较短，故通常只要求绘制各层平面图、总平面图和透视图，且题目相对较为简单，建筑规模较小，多为几百平方米，地形环境也不算复杂。在 3 小时的快题考试里，最常见的问题之一就是在平面图的推敲和修改上花费时间过长，占用了后面透视图和上墨线的时间而导致透视图绘制较为潦草凌乱或墨线没有上完，故各段用时都应有所安排和控制。

3 小时快题设计时间分配安排

阶段任务（具体分项内容）	完成时间 /min	相应阶段注意事项
审题，构思，分析考点和切入点	20±5	明确任务要求画哪几部分，题目是否有较以往不同的特别要求，兼顾透视角度的选取
首层平面的铅笔稿正图	30±5	用交图的正式图纸绘制，注意绘制深度的控制和相应细节部分的快速表达方式
其他层平面的铅笔稿正图	10±5	用交图的正式图纸绘制，注意绘制深度的控制和相应细节部分的快速表达方式
正图中透视图的铅笔稿	30±5	应有一定的深度和局部细节的刻画，且包括周边配景的营造表达，另外根据透视效果的需要相应地调整对应的平面部分
正图中总平面的铅笔稿	15±5	除了按比例缩小换算外，主要的工作量就是建筑周边的场地布局设计
正图墨线绘制	40±5	墨线阶段按从上到下、从左往右的顺序尽可能一气呵成，尽可能减少墨线和铅笔线的来回交替
正图上色阶段	25±5	包括透视和总平面的投影绘制。用哪一支笔画哪一部分应该了然于心，否则找笔、试色的对比选择可能会消耗相当可观的时间
机动整理阶段	10±5	标题字、技术经济指标、分析图、房间名称、标高、剖切符号及设计说明等部分进行查漏补缺

6.2 6小时快题考试时间分配安排

在这几种时间周期段的快题考试中，国内大多数建筑院校目前均以6小时最为常见和广泛，现以6小时快题考试的时间分配安排为例供大家参考，希望大家结合自身实际情况掌控，并进行有一定针对性的练习，且能适应这种时间段的分配控制。

6 小时快题设计时间分配安排

阶段任务（具体分项内容）	完成时间 /min	相应阶段注意事项
审题，构思，分析考点和切入点	20±5	题目是否有较以往不同的特别要求，兼顾透视角度的选取
各层平面布局的功能泡草图	20±5	用拷贝纸（或草图纸）绘制，注意各房间面积相对大小关系的控制
首层平面的铅笔稿正图	40±5	用交图的正式图纸绘制，注意绘制深度的控制和相应细节部分的快速表达方式
其他层平面的铅笔稿正图	20±5	用交图的正式图纸绘制，注意绘制深度的控制和相应细节部分的快速表达方式
正图中透视图的铅笔稿	60±5	其整体大小图幅的把握，应有一定的深度和局部细节的刻画，且包括周边配景的营造表达

（续）

阶段任务（具体分项内容）	完成时间 /min	相应阶段注意事项
正图中立面的铅笔稿	20±5	一般多要求绘制 1 ～ 2 个立面，可参照透视图中主要展示的侧立面将其迅速绘制
正图中剖面的铅笔稿	15±5	应择取有一定内容的位置进行剖切，用自己能区分且快速有效的方式将剖、看线区别开来
正图中总平面的铅笔稿	15±5	除了按比例缩小换算外，主要的工作量就是建筑周边的场地布局设计
正图墨线绘制	90±5	墨线阶段按从上到下、从左往右的顺序尽可能一气呵成，尽可能减少墨线和铅笔线的来回交替
透视、总平面和立面等部分的阴影绘制	15±5	如果用细墨线排线方式表达阴影，10min 是很可能不够用的，因此这里是用深灰马克笔表达阴影的方式
正图上色阶段	25±5	用哪一支笔画哪一部分应该了然于心，否则找笔、试色的对比选择可能会消耗相当可观的时间
机动整理阶段	20±5	标题字、技术经济指标、分析图、房间名称、标高、剖切符号及设计说明等部分进行查漏补缺

6.3 8 小时快题考试时间分配安排

通常要求绘制各层平面图、总平面图、立面图、剖面图和透视图等，且由于总时间较长，故题目相对复杂些，建筑规模较大，多为几千平方米，地形环境有一定的复杂性。图面深度和色彩表现上应有所晋级，另外在体能上应有所准备，如前一晚的充足睡眠和考试当天的备餐等，毕竟 8 小时连续画图在体力上的消耗较大。

8 小时快题设计时间分配安排

阶段任务（具体分项内容）	完成时间 /min	相应阶段注意事项
审题，构思，分析考点和切入点	30±5	题目的考点要吃透，是否有隐含条件和切入点，兼顾透视角度的选取
各层平面布局的功能泡草图	30±5	用拷贝纸（或草图纸）绘制，注意各房间面积相对大小关系的控制
首层平面的铅笔稿正图	50±5	用交图的正式图纸绘制，注意绘制深度的控制和相应细节部分的快速表达方式
其他层平面的铅笔稿正图	30±5	用交图的正式图纸绘制，注意绘制深度的控制和相应细节部分的快速表达方式
正图中透视图的铅笔稿	70±5	其整体大小图幅的把握（应至少为 A3 图幅），应有一定的深度和局部细节的刻画，且包括周边配景的营造表达

（续）

阶段任务（具体分项内容）	完成时间 /min	相应阶段注意事项
正图中立面的铅笔稿	20±5	一般多要求绘制 1 ～ 2 个立面，可参照透视图中主要展示的侧立面将其迅速绘制
正图中剖面的铅笔稿	15±5	应择取有一定内容的位置进行剖切（如楼梯间等位置），用自己能区分且快速有效的方式将剖、看线区别开来
正图中总平面的铅笔稿	25±5	除了按比例缩小换算外，主要的工作量就是建筑周边的场地布局设计
正图墨线绘制	110±5	墨线阶段按从上到下、从左往右的顺序尽可能一气呵成，尽量减少墨线和铅笔线的来回交替
透视、总平面和立面等部分的阴影绘制	25±5	如果用细墨线排线方式表达阴影，10min 很可能不够用，因此这里是用深灰马克笔表达阴影的方式
正图上色阶段	45±5	用哪一支笔画哪一部分应该了然于心（否则找笔、试色的对比选择可能会消耗相当可观的时间），时间允许时可对趣味中心进行较为细腻的刻画
机动整理阶段	30±5	标题字、技术经济指标、分析图、房间名称、标高、剖切符号及设计说明等部分进行查漏补缺

课题 7 需要准备的工具

中国有句老话："工欲善其事，必先利其器"。对于快题考试也是如此，如果现场需要用时才发现忘带了这个或那个，或是某个工具不好用时，再去跟别人借，损失的是彼此时间和精力，或者退而求其次应付了事等，于己不利。因此，在考前我们需将可能用到的工具准备充分，能不占用快题考试现场时间解决的事宜尽量提前准备妥当。现将需考前准备的工具总结为以下几种。

7.1 铅笔

软铅笔（B系列）2支，草稿纸上画构思草图用，一般2B或3B即可，由于最初的构思阶段都为粗线条且有较多的不确定，因此用软铅笔较为合适，而且硬铅笔也易把拷贝纸等纸质的草稿纸划伤。硬铅笔（H系列）3支，上正图的铅笔阶段用，一般多为H、2H或3H，特点是不易断且细、易擦，即使不擦也不会影响最终交图的效果。不论是软铅笔还是硬铅笔，均应提前将笔削好，而且一旦出现笔芯折断或过粗等情况，马上拿出另一支继续画，这也是准备2～3支的原因。另外，对于自动铅笔，如果用力不均或不顺时易断铅甚至到更换铅芯，从而耗时费神，因此平时不怎么用自动铅笔的同学建议在快题考试时就更没必要使用。

7.2 墨线笔

在上墨线时，首推一次性中性笔，特点是出墨流畅均匀且干得快，上马克笔时不易将墨线蹭脏，或者是现在业内常用的草图笔也是比较好用的，一般不建议使用针管笔，针管笔有时易将纸面滑伤，或有断线等问题，有时又有下笔一滩等情况。另外，墨线的三种线型细、中、粗至少得有画细墨线的0.2（最好两支，使用频率高，以防中途没墨等情况）笔号，中线可选用0.3或0.4笔号，粗线可用0.7以上或直接用黑色马克笔的细头解决。

7.3 马克笔

通常情况下，可将灰色系（冷调或暖调）的马克笔多选几支带上，前文提到的用色搭配合适的马克笔带上即可，因此不难发现其实越是对快题考试有经验的同学，往往所带的马克笔越少，够用即可。马克笔的笔号色彩上百种，试想如果带上好几十支，一大堆放在那里，那么当你准备上色时，是否还得花费时间和精力来找自己所需的笔号呢？每上一种色彩就得找一次，这个时间成本是不得不考虑的。

7.4 彩铅

彩铅主要用来辅助马克笔使用，在考试时间相对富余的情况下，通过排线（平铺式或退晕式来刻画重点表现部位，丰富图面的细部表现力，使其更为细腻从而提高耐看性。同马克笔一样，重点准备可能会用到的几种，最好是与对应的马克笔属同色系。另外，白彩铅（有时也有用白粉笔代笔的）在色卡纸（尤其是牛皮纸）使用的几率也较大，用于局部提亮的效果表现（见图 7-1）。

• 图 7-1 王斌 建学 07

7.5 纸张

快题用纸一般分为透明纸和不透明纸两类，其中的不透明纸类又可分为白底和非白底两种。在透明纸里常用的有拷贝纸和硫酸纸等，部分建筑院校的快题考试用纸指定用拷贝纸（橡皮易擦破，因此不宜用力过大）。如果任务书有规定用不透明纸但底色不限的话，建议用非白底较好，纸张的底色即为一种统一的背景色，画面整体色调相对白底易统一，一般用牛皮纸即可。另外，在上正图之前的方案草图阶段建议用事先裁好大小顺手的拷贝纸（A4 或 A3 大小即可）来画较为便利，其下可衬网格纸（现成的标准尺寸，以 mm 为基本单位），在方案阶段用于大体核算房间面积等指标时使用。

7.6 其他工具

以下工具通常在考前最好全部准备齐全，以备不时之需：笔袋、比例尺、90cm 丁字尺（除非已明确考试用纸是 A2 图纸且用 2 号图板时可改为 60cm 丁字尺）、30° 和 45° 三角板、橡皮 2 个（提前将表面擦净）、裁纸刀、纸胶带（又称"美纹纸"，目前市场上用来固定图纸很好用的一种粘合材料）、圆模板（在画平面树和指北针等时可能会用到）、换头圆规（可替换铅笔和墨线笔）、计算器、餐巾纸（擦拭可能出现的墨迹和手汗等）及手表。

课题 8 常见问题

8.1 平面图

快题里的平面图易遗忘和需检查以查漏补缺的部分有以下若干。

指北针、剖切符号（记得加粗，尤其是剖线）、室内外地面标高（小数点后留三位，精确到mm）、房间名称（注意其在房间里的位置和字距，诸如此类的细节同样能体现出考生构图等方面的专业素养）、普通楼梯的画法、封闭楼梯间的画法（注意底层和其他层的门朝向以及门宽度）、室内外入口处的台阶及平台（台阶数不要只有 1 阶或 2 阶，通常多为 3 阶、4 阶或以上，即室内外高差为 0.45m 或 0.6m，平台首先得有，一开门就直接下踏步肯定不合适，另外平台的宽度要适当，宜大于 1.4m）、卫生间是否有前室且宜有高差线、底层平面对应的投影虚线（上层有悬挑时）、是否需做无障碍设计（包括室内外的无障碍坡道，最大高宽比 1/12，以及电梯等）。

8.2 剖面图

快题里的剖面图易遗忘和需检查以查漏补缺的部分有以下若干。

当为平屋顶时是否做女儿墙（女儿墙高度按 1m 画即可，若为小型建筑且不上人则画 0.3 ~ 0.6m）、地面线注意要表达出室内外高差、楼梯间画法、标高、梁看线、楼板厚度、当为坡屋顶时檐口处是否需要表达天沟等。通常在剖面图中不宜画阴影和材质表现等（尤其阴影，以防阴影线和剖线混淆）、在剖面图里可画简易小人（一来填补房间空白而丰富其图面，二来通过简易小人表达空间尺度）。

8.3 总平面图

快题里的总平面图易遗忘和需检查以查漏补缺的部分有以下若干。

指北针（当总平面图和底层平面图在一起时，可共用一个指北针）、主次入口标识（一般多为涂黑三角符号）、层数标识、应表达阴影关系、注意软硬质铺地的结合设置、基地内设计的建筑入口道路是否与城市干道相连、周边环境的一定表达、应按题目要求或建筑性质适当地设置一定的机动车车位与非机动车车位。

8.4 立面图

快题里的立面图处理应注重形式效果，多采用虚实、材质等方面的对比表达和均衡、起伏的图面手法，同时也应注重突出较为强烈的光影关系，以及片墙和框架等构件的穿插与运用等。

展现主入口的立面应重视入口处（结合雨篷，多作为趣味中心对待）形式效果的营造与处理。立面图中的开窗处理是一重点和难点，应避免过于单调和过于繁杂两种极端的处理，除了横竖条窗、大小点窗、高侧窗、天窗、百叶窗和玻璃幕窗等形式效果外，还可结合窗框、分隔线等手法处理，以及组窗等设置。立面图的两侧空白处应辅之以背景树，用以增加对比丰富效果。立面图的外轮廓应加粗（不必区分前后层次的进深关系），另外还有加粗地面线，且为立面图中最粗等级。

8.5 透视图

透视图中的常见问题有灭点线定位偏高（俯视）或过低（仰视），或者是灭点线经过基准线的二分之一处，或者是两个灭点不在同一水平线上而造成的变形失真，以及灭点距离基准线过近而形成的畸变等（具体内容请参见课题3.5章节——透视设计与绘制技法）。

课题 9
考前准备的若干环节

快题考试由于其时间的紧迫性，对于多数考生而言属于遗憾型的考试，在考试现场往往或多或少会感觉时间不够用或者局部处理的不够理想和仓促，因此在考前的准备工作尤为必要，正所谓"功夫在场外"，我们除了做相应的快题模拟训练，以及把绘图工具准备充分（具体内容请参见本书前面的课题 7——需要准备的工具）之外，还可从以下几方面进行一定的准备。

9.1 配景

包括平面图、总平面图、立面图、剖面图和透视图的所有配景均需提前练熟练好，在考试时选用自己熟悉和擅长的配景画法而非去搞现场的创作与推敲。例如平面图和总平面图中的树和草地等的画法，立面图和剖面图中的树，透视图中的配景画法（具体内容可请参见课题 3.5 章节里的第 4 部分——透视图中的配景）等。

9.2 字体

建筑学专业在大学一年级基本都是从练习仿宋字开始的，但在快题考试中不提倡也没必要使用仿宋字来书写，不是说仿宋字不重要，毕竟仿宋字属于工程字体，而且我们从中了解到其字型特点与结构，但是由于其书写笔划的特殊性导致其在书写时间上不占优势，因此在快题考试中不适合使用。其实，在快题考试中并不强求使用什么字体，大家只要注意把握好字的结构并且能够清晰可辨即可。

另外，不论考什么题目与类型都必然会出现在纸面的字就有必要提前练好，比如"一层平面图"、"立面图"、"剖面图"、"总平面图"、"快题设计"和"技术经济指标"等。同理，数字亦然，比如常考常用比例"1:500"和"1:200"中出现的这几个数字。

9.3 院落布置

在快题考试中涉及内院和天井的几率较大，当出现内院和天井等时，其布局也可提前备好若干常用样式直接套用（见图 9-1），避免现场设计推敲院落布局样式，从而争取出该部分的设计时间。

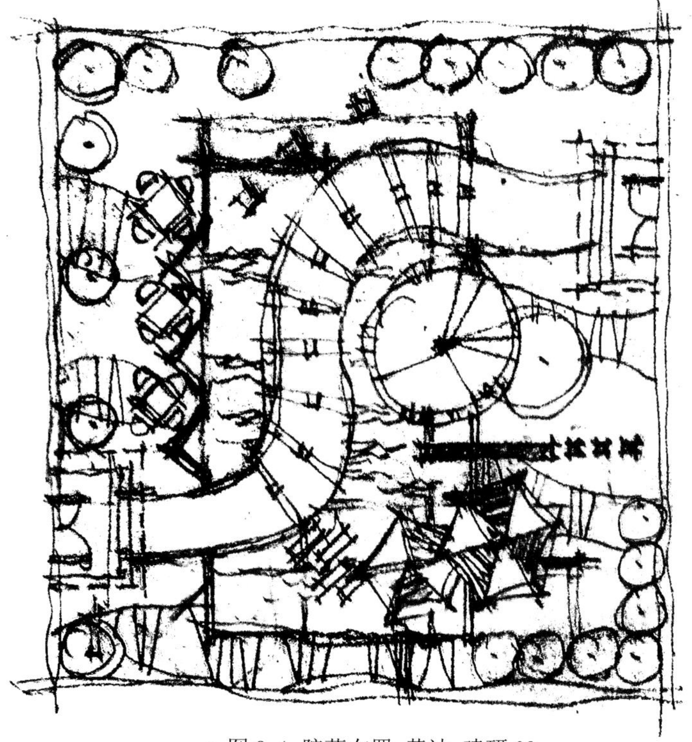

• 图 9-1 院落布置 黄沛 建研 09

9.4 室外铺地

在总平面图中的场地部分，其铺地样式也可以提前选用和总结几种常见样式，从而节约出考试现场推敲时间，或者避免由于时间紧迫而草草处理等情况的发生。

9.5 常用数据

在快题考试中，有一些常用到的数据是需要了解掌握的，另外有些数据需要现场推算的环节如果提前准备好，也可争取出相当可观的宝贵考试现场时间。

（1）由厕所中一个蹲位的尺寸（内开门 0.9m×1.4m，外开门 0.9m×1.2m）和总共设置几个蹲位等来推算出厕所做多大。

（2）室外无障碍坡道（1/12）的长度，由于室内外高差常做 3 阶踏步（高差 45cm）或 4 阶踏步（高差 60cm），并且比例常用 1/200，故在 1/200 下该无障碍坡道投影画多长，在 3 阶踏步和 4 阶踏步的高差下是一固定值，因此可提前推算出来（1/200 时，无障碍坡道的投影长度，3 阶踏步画 27mm，4 阶踏步画 36mm），从而节约考试现场时间。

（3）楼梯间需要画多长几乎是我们做任何一次快题时都不可避免会遇到的问题，而在考试现场对于楼梯间尺寸的计算量往往相对较大，也是考生们容易出错的内容之一。一般较多出现的问题是，根据所做建筑层高而定的楼梯长度往往明显不够长，或者反之明显超出该层高。因此，我们可以提前总结几种常用层高下相对应的楼梯长度，考试时直接用之，则可争取出相当可观的现场时间，例如：均为 1/200 比例下，层高 3m，梯段宽 1.5m 时（忽略梯井），实际长宽为 4.5m×3m，画 2.3cm×1.5cm；当层高 3.6m，梯段宽 1.5m 时（忽略梯井），实际长宽为 5.1m×3m，画 2.6cm×1.5cm；当层高 4.5m，梯段宽 1.8m 时（忽略梯井），实际长宽为 6.3m×3.6m，画 3.2cm×1.8cm。

课题 10
优秀快题案例解析

10.1 高速公路汽车客运站（服务站）

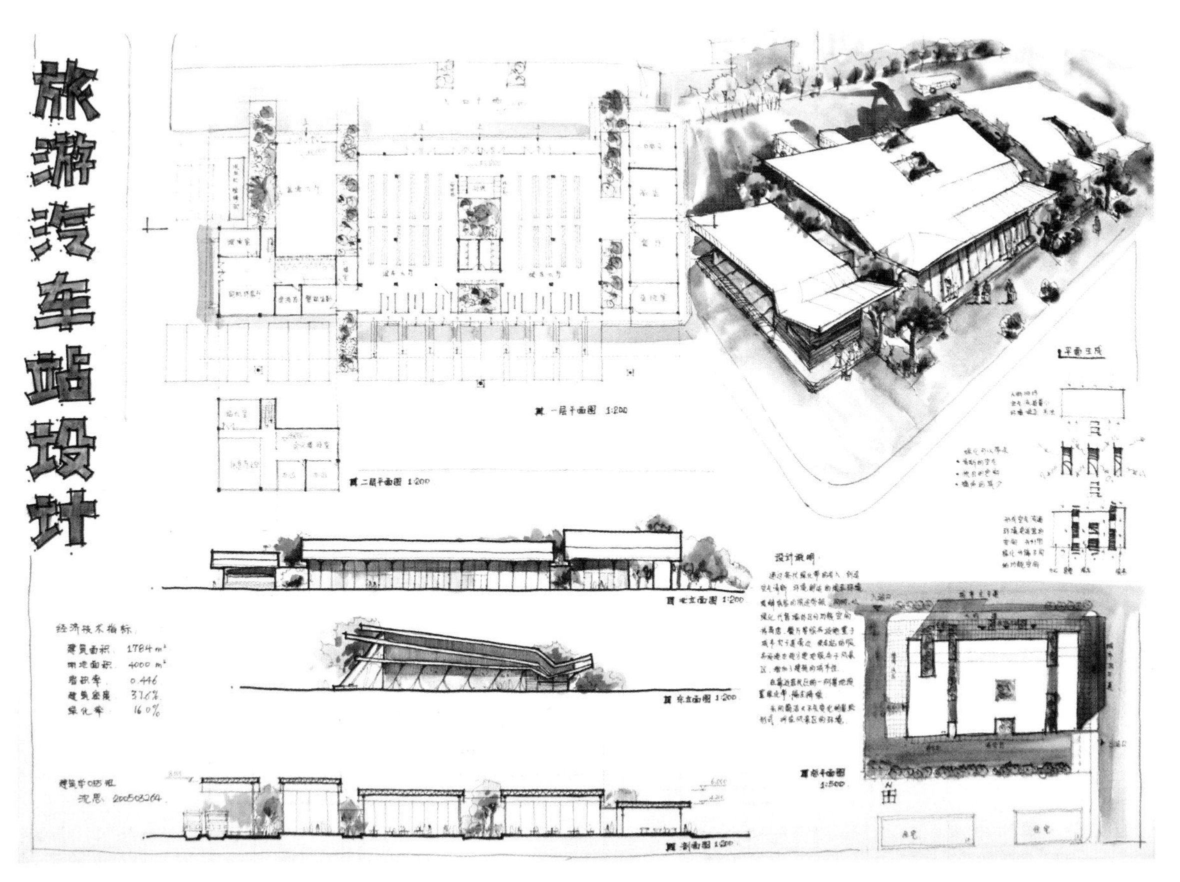

• 10-1-1 沈思 建学 05

10-1-1 解析与评语：

该汽车站快题设计能够结合任务书的具体要求和对该类型建筑的理解进行有一定深度的表达。平面分区合理，将候车大厅位于建筑中部，且与售票厅有较好联系，房间尺寸控制较好，该方案的最大特色是引入绿化带，既解决了汽车站这种大体量类型建筑的采光和房间众多易有暗房间的问题，又能营造良好的内部景观环境。另外，餐厅若能位于临街位置为宜。

总平面的布局合理，出入口的设置考虑到与城市道路交叉路口的距离关系。图面表达效果尚佳，色彩方面主要运用水彩表现方式清新明快，层次分明。

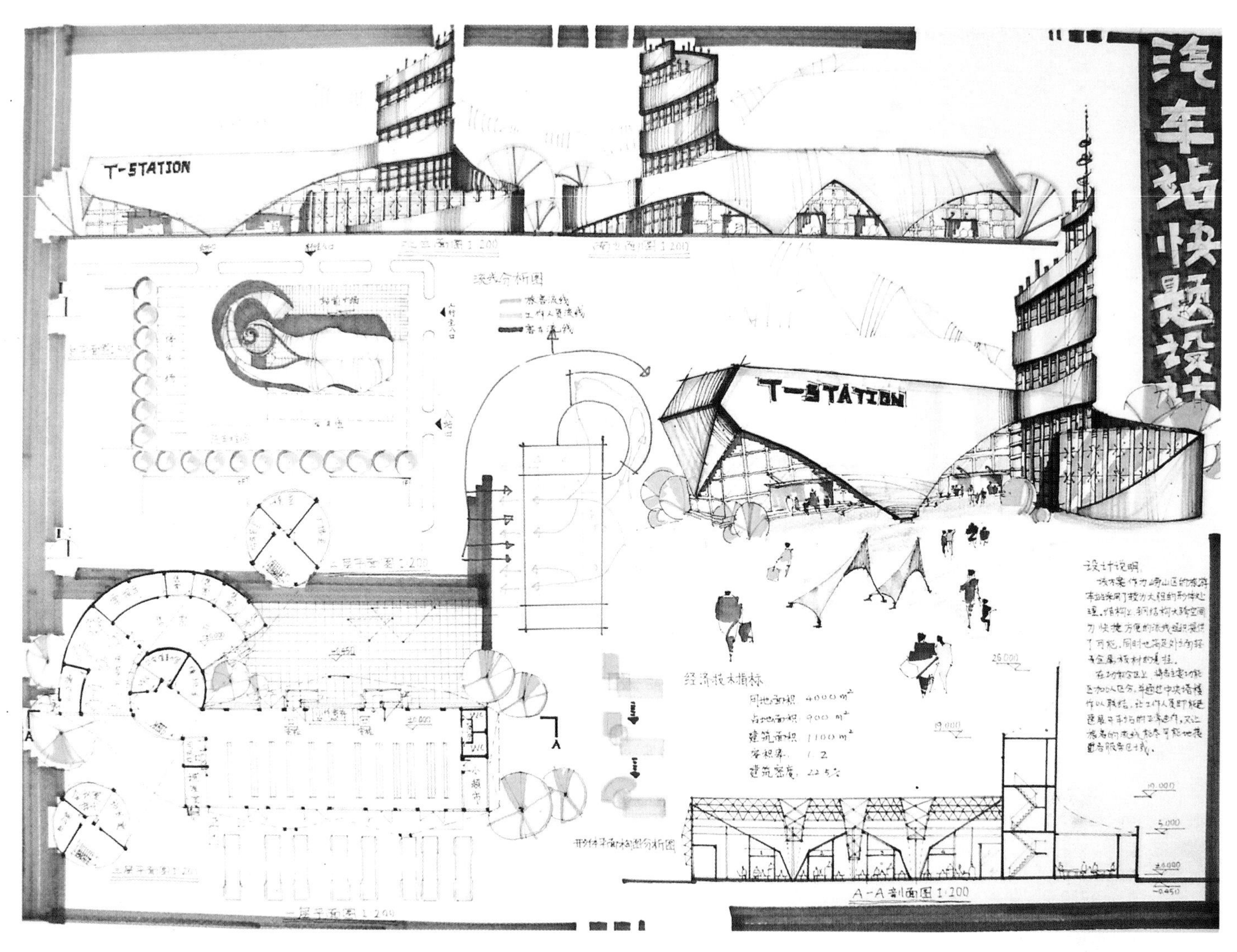

• 10-1-2 宋臻 建学 06

10-1-2 解析与评语：

该汽车站快题设计里对曲线造型控制把握较好。该方案结合任务书的面积要求形成塔状物造型，使汽车站的醒目性与标志性显著提高。平面里的售票厅与候车室通过餐厅形成穿套空间而联系不妥。供候车大厅使用的卫生间尺寸过小且没有开高窗，其他房间的分区与布局较为合理。结构方面在候车大厅的顶部构造运用桁架解决屋顶承重问题，候车大厅的中部位置宜增设一排承重柱。

总平面中考虑到人车分流，机动车出入口的设置考虑到与城市道路交叉路口的距离关系。图面表达效果良好，色彩方面运用马克笔较好地表现出明暗关系，透视造型较为新颖且具有一定视觉冲击力。

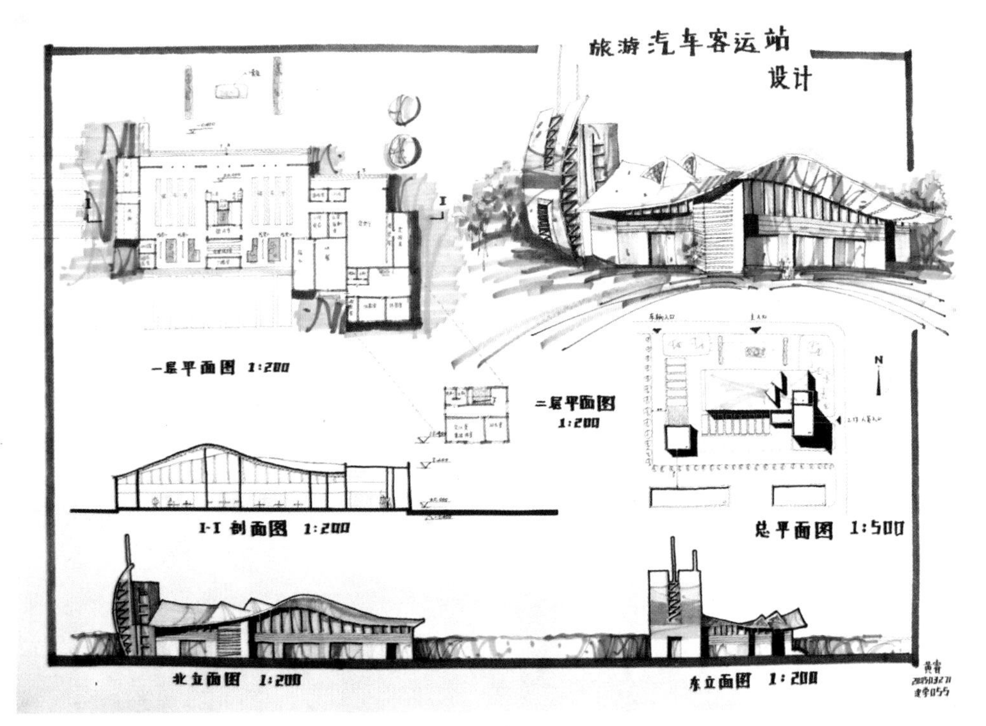

• 10-1-3 黄睿 建学 05

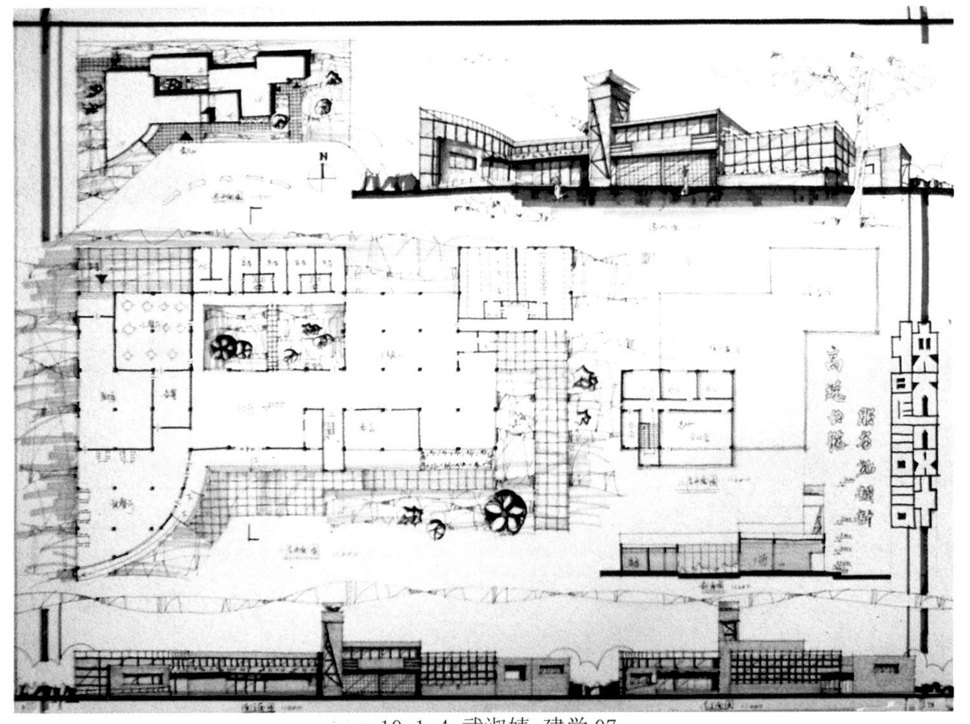

• 10-1-4 武淑婧 建学 07

10-1-3 解析与评语：

整幅图面的版面设计均匀饱满。平面布局里的餐厅和超市位置不妥，使用不便；广播室宜位于二层，且应对候车大厅开窗；售票室应面向售票厅入口大门布置；问询室的位置应能兼顾到来自售票厅室内外和候车厅的主要人流。另外，候车厅和售票厅都没有画室内外的大门，室内外的高差处的处理过于简单化，宜有一定的设计内容。

总平面的布局较为合理，但在道路的转弯半径处应注意其规范尺度，剖面图里应注意不要遗漏女儿墙看线，两个立面图通过配景树串联起来的做法较好，提高了版面的整体性与饱满度，并进行了立面的进深光影表达，值得肯定。色调搭配协调，以马克笔为主，彩铅为辅进行了有主次的表达。

10-1-4 解析与评语：

整幅图面的构图均匀饱满。平面功能分区合理，但细部设计有若干瑕疵，例如门厅入口处的房间名称遗漏，厨房的入口平台没有做工作坡道，快餐厅没有布置完全，客房的两卫生间之间没有做检修井，且卫生间没有布置淋浴设备，大型公厕的洗手池设备布置不妥等。另外，二层平面位于一层的哪个对应位置，应有表示（可用虚线连接对应位置点）。结构柱网布置较为合理。

总平面图上应有停车区域的表达，并注意建筑南侧与用地红线的适当退让，预留出入口处的缓冲空间。剖面表达较为到位与准确。透视造型里快餐厅的弧线墙面与楼梯间顶部的半圆造型有所呼应，提高了其整体感。色调搭配方面没有盲目地使用过多色彩，形成了整体色调的协调性。

10.2 餐饮类建筑

10-2-1 解析与评语：

作为该类建筑中的核心功能单元的茶室位于用地红线内景观最佳区域，并设置了亲水平台，促进了茶室功能的室外延伸并形成了良好的内外衔接。平面布局利用“U”字形的方式将任务书要求保留的古树进行围合，使古树景观对该茶室建筑而言得以最大化的视觉共享，以及提供了游客在此纳凉和交流的空间平台。

本设计大的功能布局关系和版面构图等方面有些可参考借鉴之处，如分析图的绘制表达、图框的设计安排等，鸟瞰透视图的形体关系也把握较准。但在图面的细节部分应注意改进，如门厅出口处没有设置平台和剖面遗漏标高标注等。

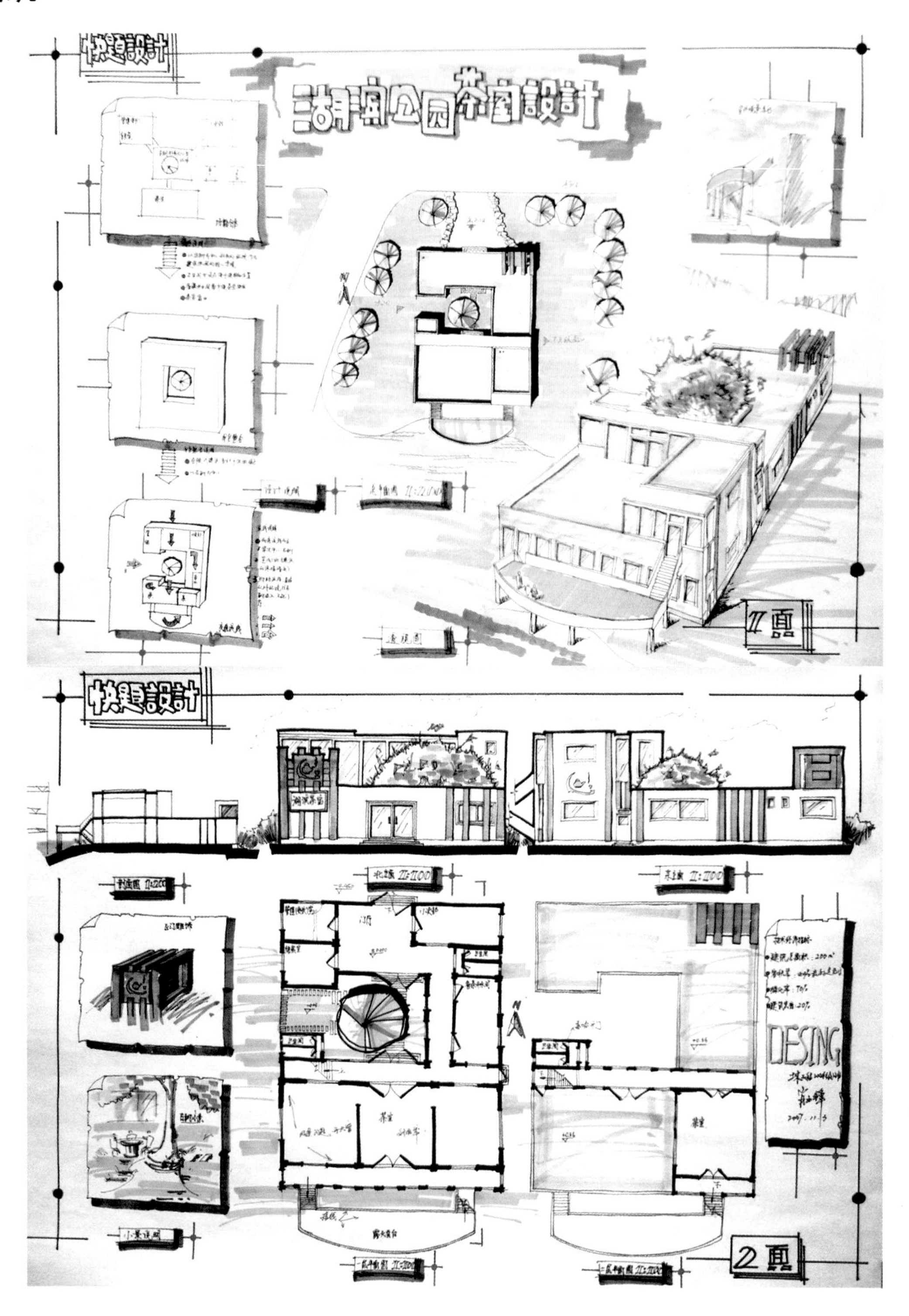

· 10-2-1 肖玉峰 土木 04

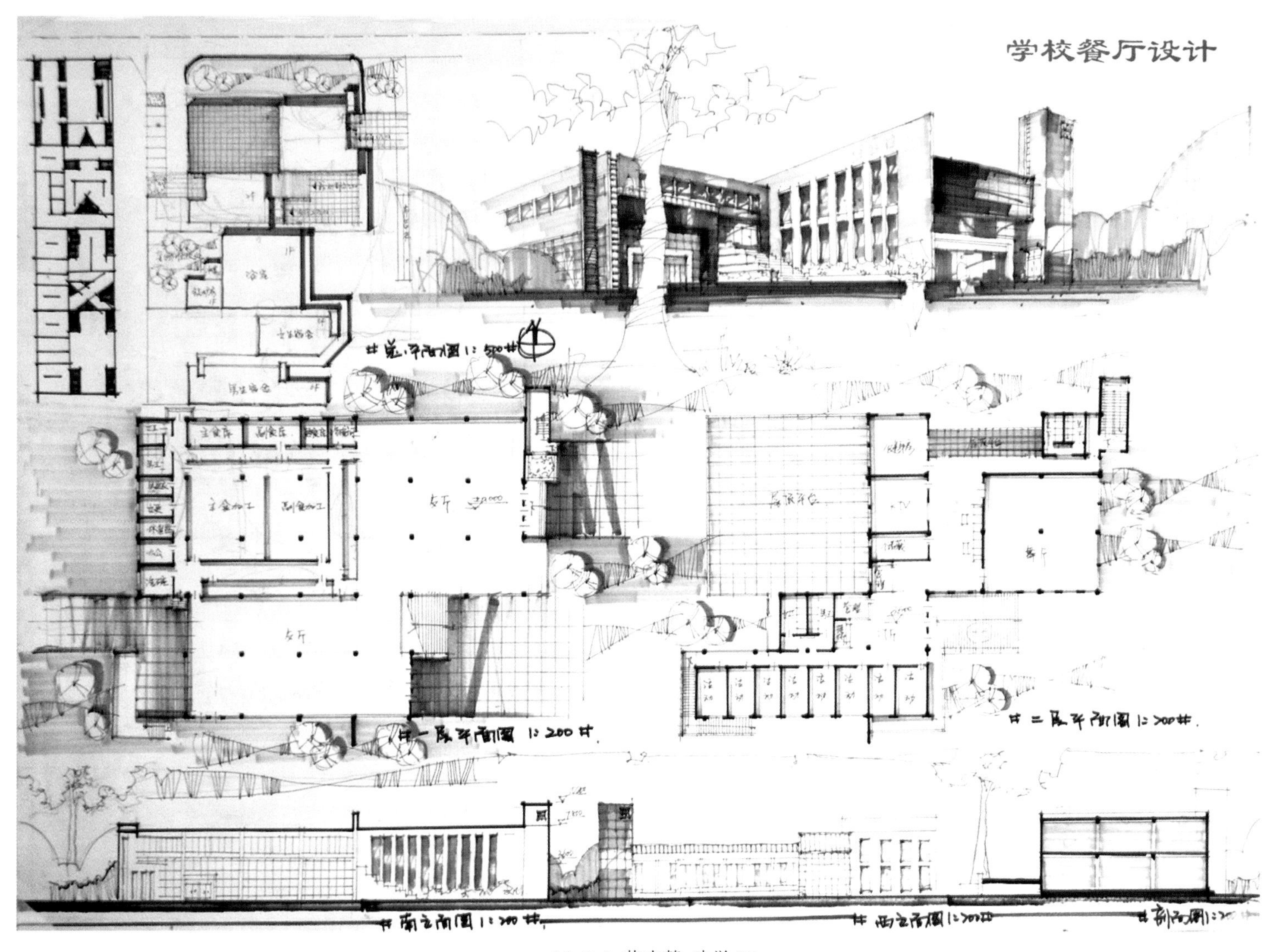

• 10-2-2 黄晓慧 建学 05

10-2-2 解析与评语：

整幅图面的构图均匀饱满，色调搭配协调，尤其在该类色纸上效果明显。平面功能分区合理，结构方面采用 7.2m×7.2m 的正方形柱网与房间面积等能够对应匹配，厨房区的主、副食加工间的布局安排应考虑通风排气的问题，在餐厅区应设置洗漱区，二层平面的舞厅房间内不应有柱子，垂直疏散问题考虑周到，符合建筑防火规范要求。

总平面布局与周边环境协调较好，能照顾到来餐厅用餐的主要人流方向，食堂的货物进出通道对学生宿舍区的距离适当。透视图的表达效果较好，前景树做简化处理来反衬与凸显建筑的处理方式值得借鉴，色调方面以冷灰墙面为主的前提下，能够使用赭石系列的暖色色调来形成对比，丰富了图面表现力。剖面图部分漏画标高，应尽量减少细节方面的丢分项。

10-2-3 解析与评语：

该设计题目为典型的临水且有等高线高差地形环境的餐饮建筑，该设计作品选取了竖向构图的表达方式，整体版面效果良好，疏密有致。平面布局中通过设立两个内部庭院，将办公区、茶室、餐厅和厨房自然而协调地进行组织安排，并且实现了包括卫生间在内的全明化房间开窗并形成了良好的采光和通风条件。二层平面遗漏了柱网布置。

总平面的布局里，茶室、餐厅等主要用房的叠落式安排使各主要房间都能朝向湖面，所取地形图中的位置适宜，高差较小从而节约了土方量。鸟瞰透视图的形体造型较为丰富，高低错落且与用地环境协调，同时注意到进深远近层次的主次取舍，整个透视的冲击力较强。

另外，一层平面图、总平面图和透视图的水面并非拘泥的一线相连的快题式表达同样成为本案的亮点之一。

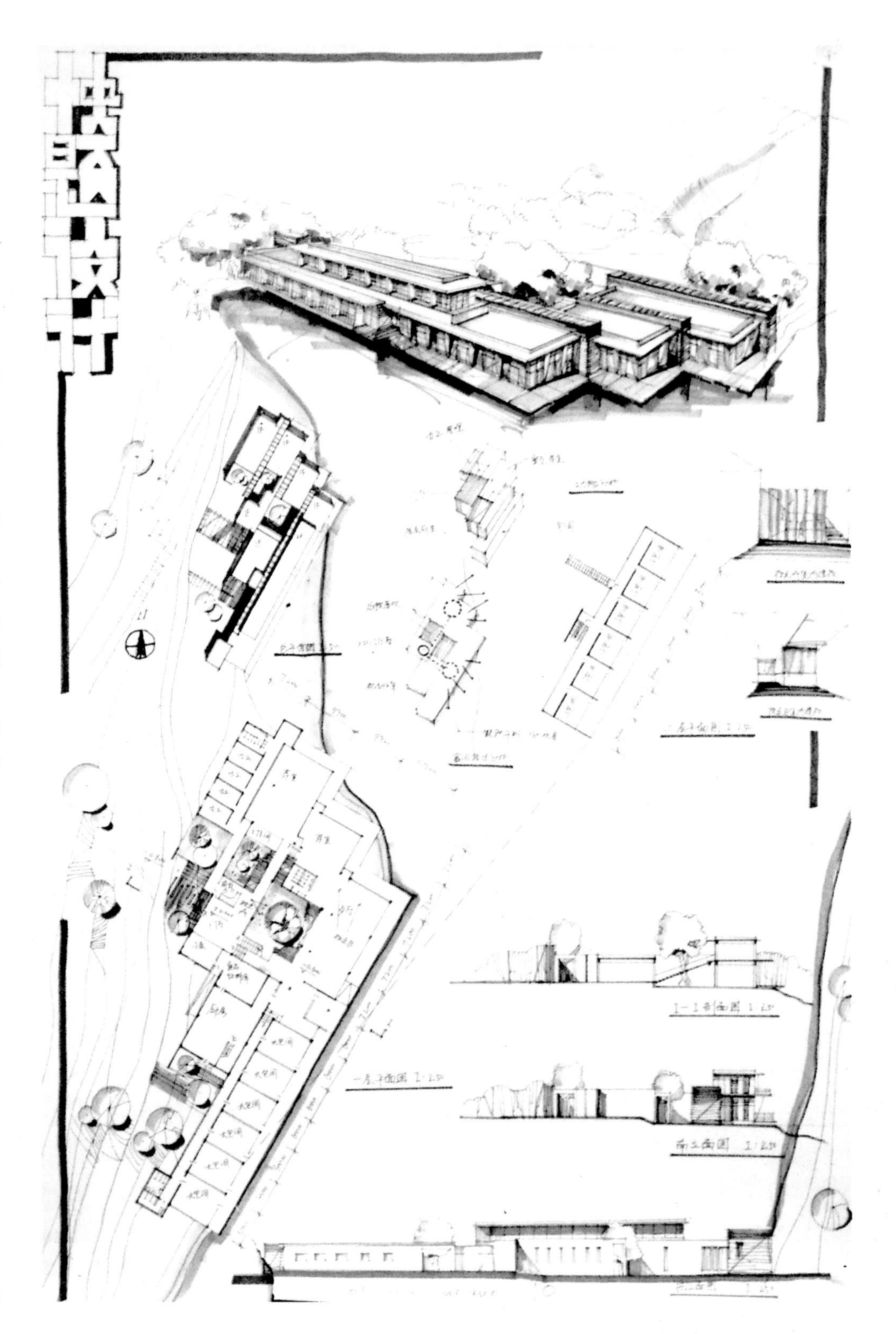

• 10-2-3 吕超豪 建学 06

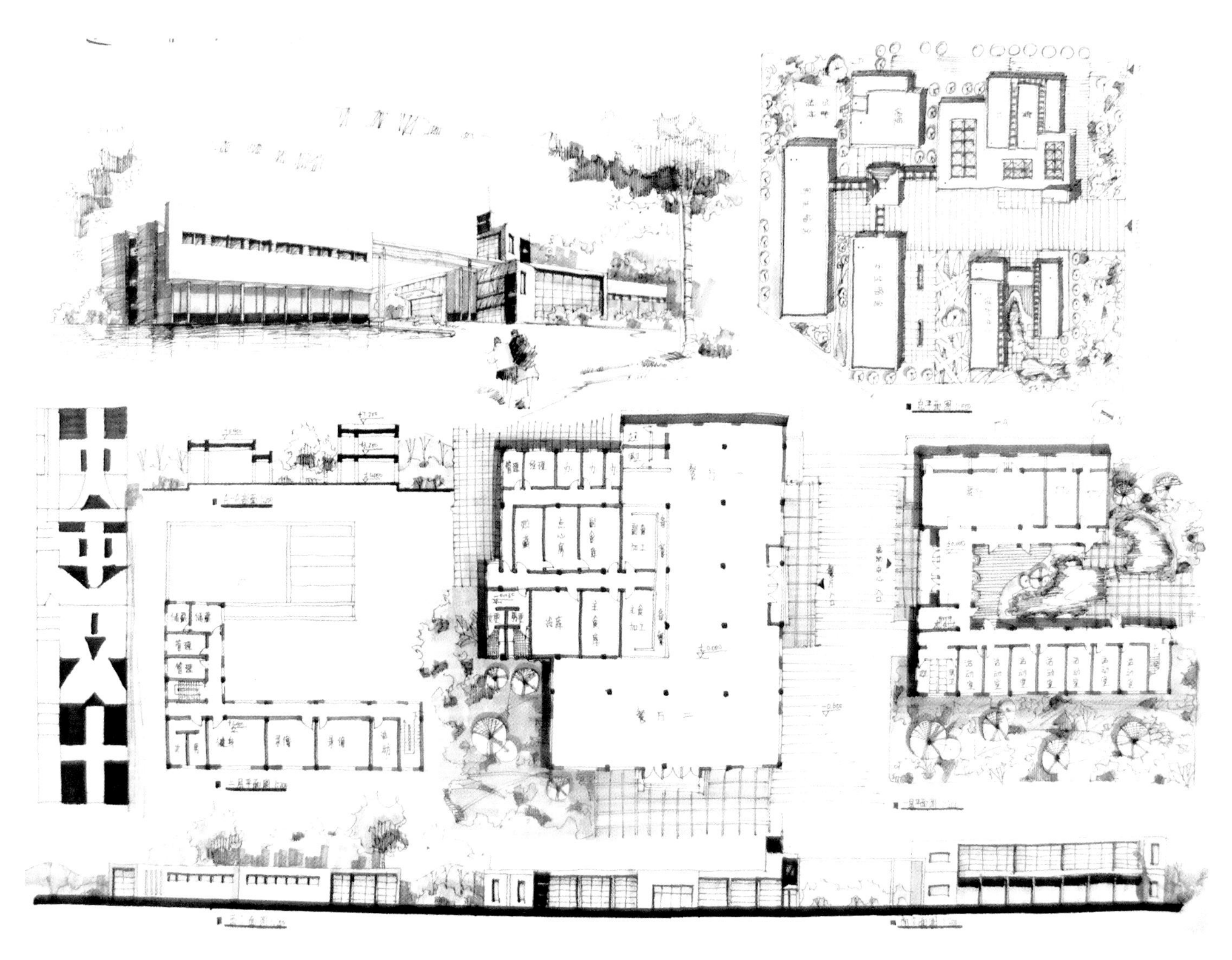

• 10-2-4 陶建华 景观 07

10-2-4 解析与评语：

该作品所采取的构图版面是一种典型的快题构图版面，两立一剖通过背景树串联起来。一层平面里的一处“硬伤”是左右两个单体建筑联系不强（本应做成一个），舞厅面积比任务书规定的建筑面积小了不少，左侧厨房里的暗房间应设法解决，另卫生间处遗漏了应绘制的涂黑墙体。再者应注意采光朝向与主要房间的关系问题。

总平面图中的餐厅位于下风向位置适宜，主次入口的流线安排合理，场地环境表达较为深入丰富。剖面图里的楼板剖线过粗，尺度不当，室外地面处应有标高。人视角度的透视图表达效果较好，光影丰富，中部的联系体应做进一步强化设计。色调方面淡雅和谐，控制得当。

10.3 社区会所

10-3-1 解析与评语：

社区会所建筑应在平面布局方面注意功能的动静分区，大空间功能房间与其他功能房间的层高高差等问题。该平面设置为“L”形，一层平面将对外联系密切的茶室和多功能厅位于入口附近是合适的布局，卫生间入口处与多功能厅的南侧出入口应有一定间距，KTV 包间的房间长宽比过长，应做调整。二、三层平面的功能分区基本良好。

总平面里的建筑位置对滨海大道有一定退让，形成疏散与缓冲空间，停车位布局得当，做到了人车分流，但漏画了指北针。透视图的形体造型简洁活泼，虚实对比鲜明。立面图的地面线应加粗。剖面图表达内容应尽量全面。色调选用较为理想，玻璃部分的色彩叠加强化了该部分的质感层次。

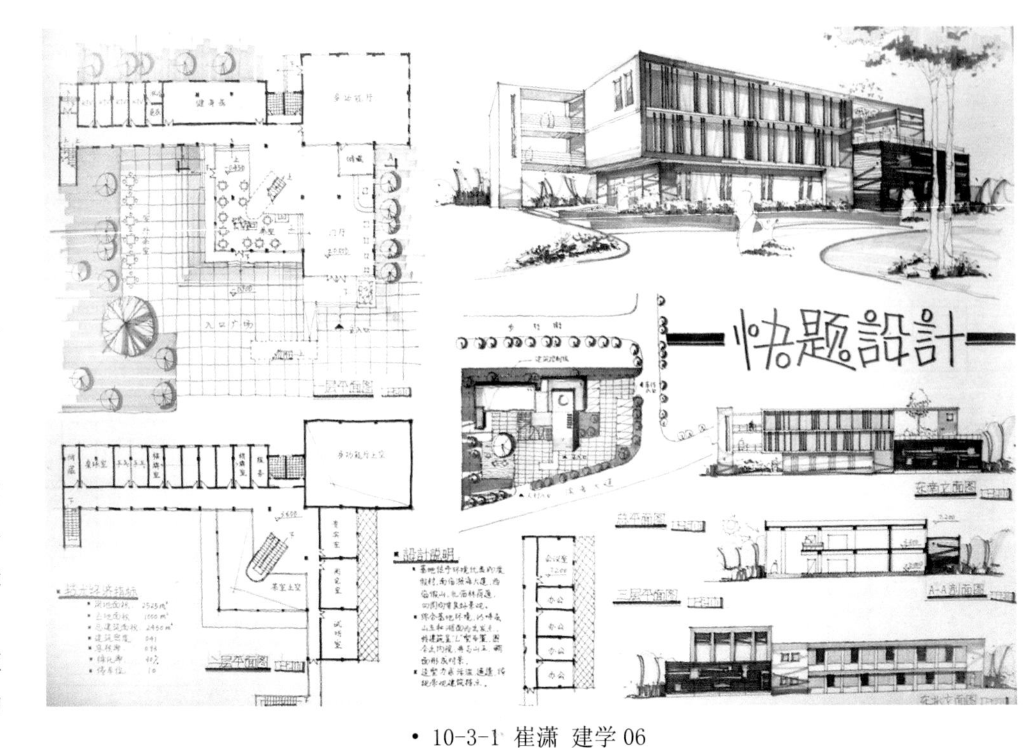

• 10-3-1 崔潇 建学 06

10-3-2 解析与评语：

整幅图面效果尚佳。一层平面中将咖啡厅、茶室和餐厅位于朝向湖面的位置符合考点要求，但将画室安排在主入口附近不妥，对画室的干扰较大，可考虑将画室与其二层对应位置的健身房进行置换。二层平面可将棋牌室与阅览室进行对调，弱化西北角十字路口对阅览室的干扰，并应对阅览室的西晒问题有所考虑。

总平面布局为“L”形与周边环境较为协调，做到了人车分流，但车行出入口与西北角十字路口的间距有些近，宜做调整。鸟瞰透视图的造型表达丰富，符合该类型建筑的性格特征，值得借鉴，例如其对片墙、外廊、框架和曲面屋顶的运用等。两个立面的光影效果强烈，进深关系明显。剖面表达较为准确，若其内部房间再有适当表达则更佳。

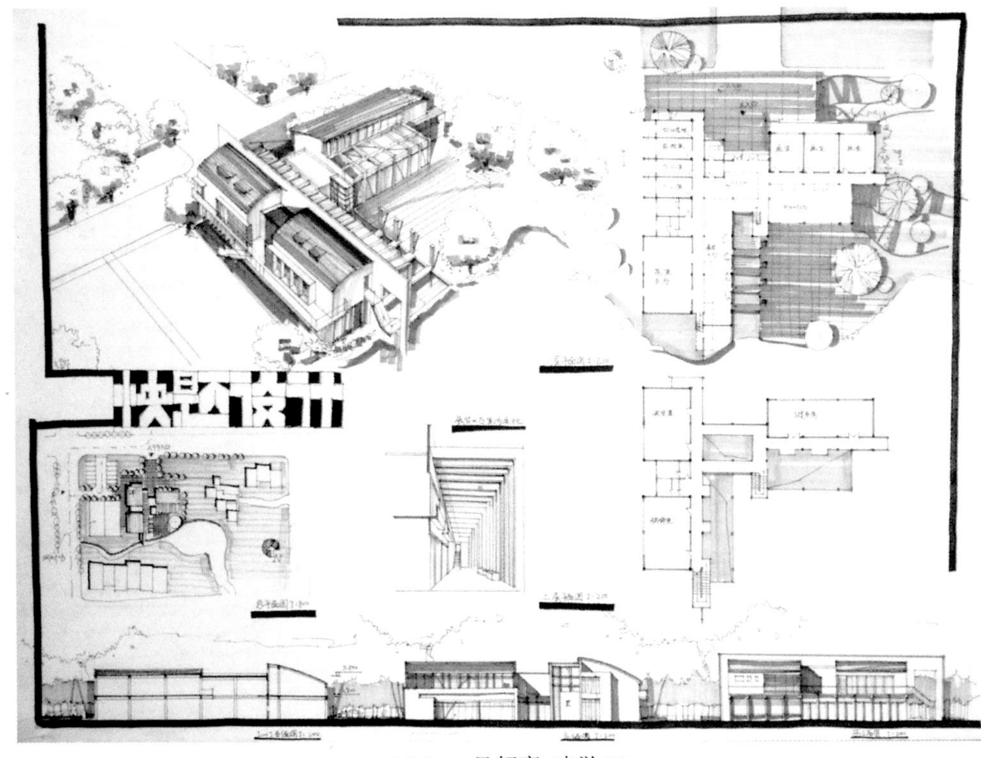

• 10-3-2 吕超豪 建学 06

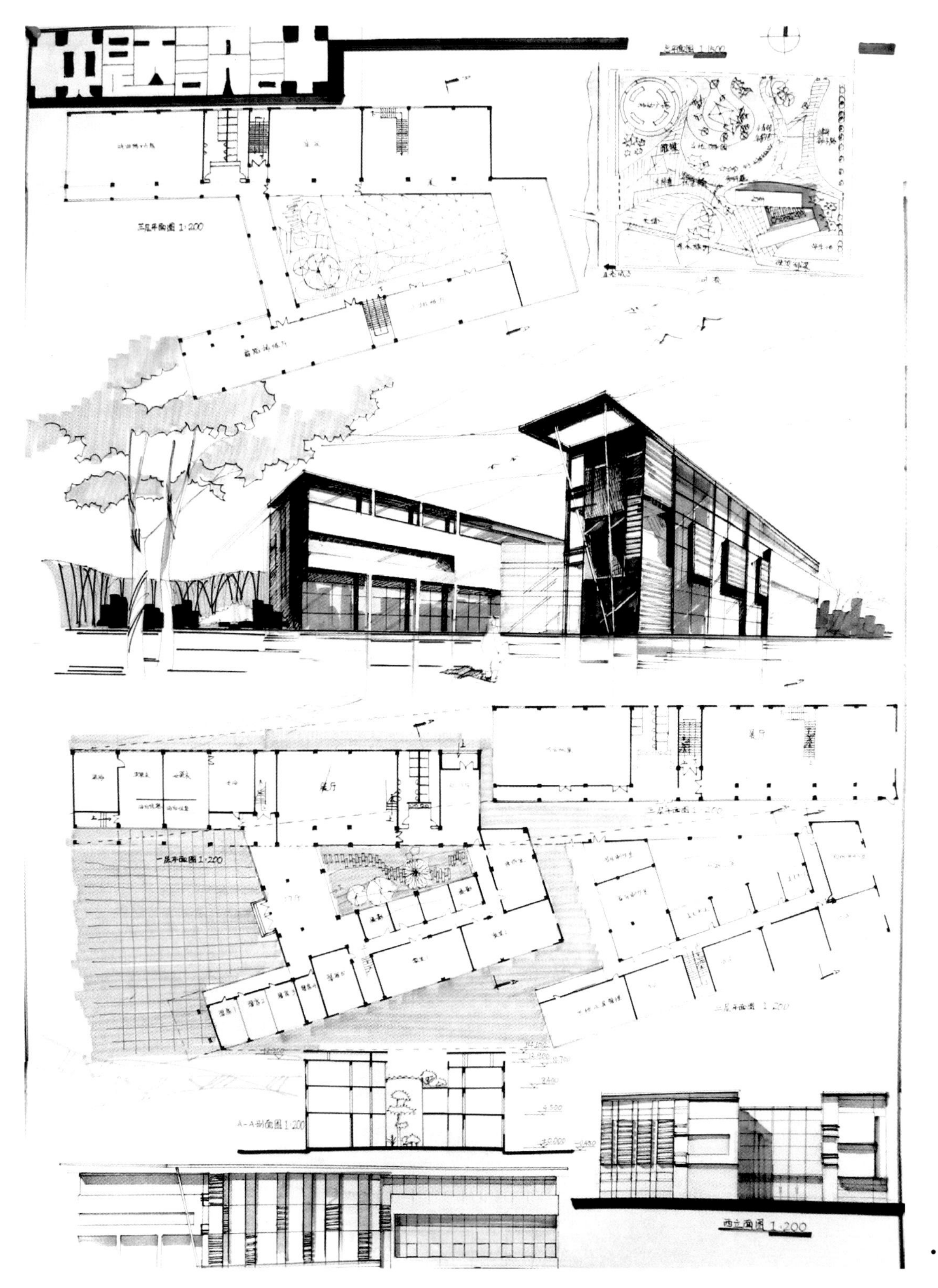

10-3-3 解析与评语：

竖向版面相对横向版面而言运用较少，该案例则是竖向版面中较为优秀的练习作品之一。平面功能分区较为合理，但在一层平面中的男浴室部分流线有些问题，摄影室没有做其暗室部分，但朝北摆放适宜，教室 2 的两个门间距过近（应大于等于 5m）；二层平面的功能房间布置妥当，但南侧的柱网没有画完；三层平面的库房做成套间式的不妥，内部走廊应形成联通回路，展厅北侧的“L”形楼梯处应有防坠落栏杆及高差线。

总平面的布局稍显凌乱，可能是时间不够所致，停车场的位置有待进一步推敲，并应区分人行与车行道路。立面进行了光影表达，若能在色调上与透视图有所呼应更佳。剖面图对层高的定位显得不够准确。透视图效果较好，色调搭配良好且光影强烈，将地面线与透视灭点线合二为一不失为快速设计中的表达策略之一。

• 10-3-3 李亚子 建学 05

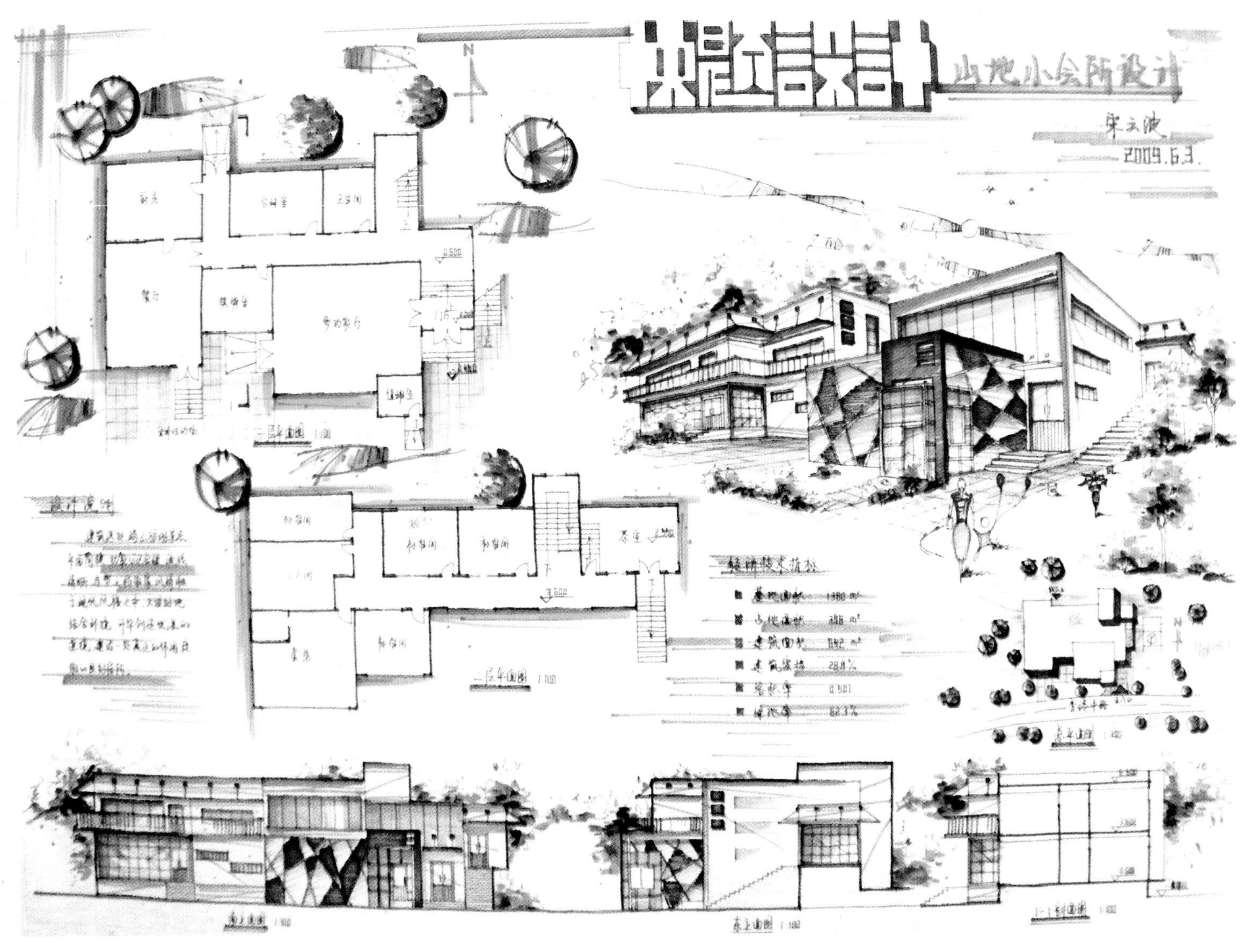

• 10-3-4 宋云波 景观 07

10-3-4 解析与评语：

该图的版面饱满，色调鲜艳。一层平面的功能分区基本合理，且兼顾到部分房间的无障碍设计，但结构意识不强，没有安排柱网的布置，另卫生间应表达划分男女间。二层的标准间并非真正意义的标准间，反映该生当时对标准间的概念尚不清晰，茶室宜有备茶间且位于一层为宜。

对于比例 1:300 的总平面图而言的表达深度不够，应有清晰的基地内道路规划与环境设计，建筑屋顶部分有一定的变化为宜。立面与剖面表达尚可。透视图的形体与表皮设计较为丰富，具有一定的借鉴和参考价值。

10.4 教学（培训）楼

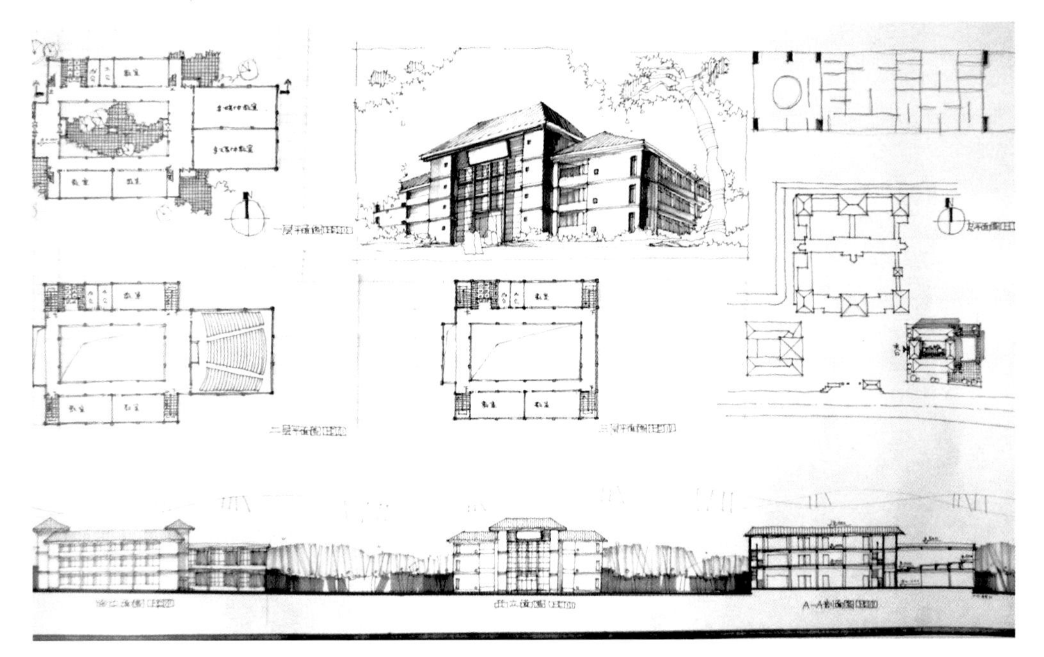

• 10-4-1 宋臻 建学 06

10-4-1 解析与评语：

该图的版面亦是提供了一种典型的布局方式，较为稳妥。平面中采用内院式布局，自然将各个教室与其他配套功能房间进行分置，卫生间与一部主楼梯的组合布置是教学楼建筑类型中的一种常用方式。教室均做到南北向采光，符合该类建筑规范。另外，北侧的办公室与教室之间若有所隔离为妥。

该设计题目的地形图给定位置要求主入口朝西，且应注意的一点是与已有两座建筑风格的协调问题（即文脉）。两立一剖的布局提高了版面整体感，透视造型考虑到了与原有建筑的风格呼应且表达准确，主次有致。

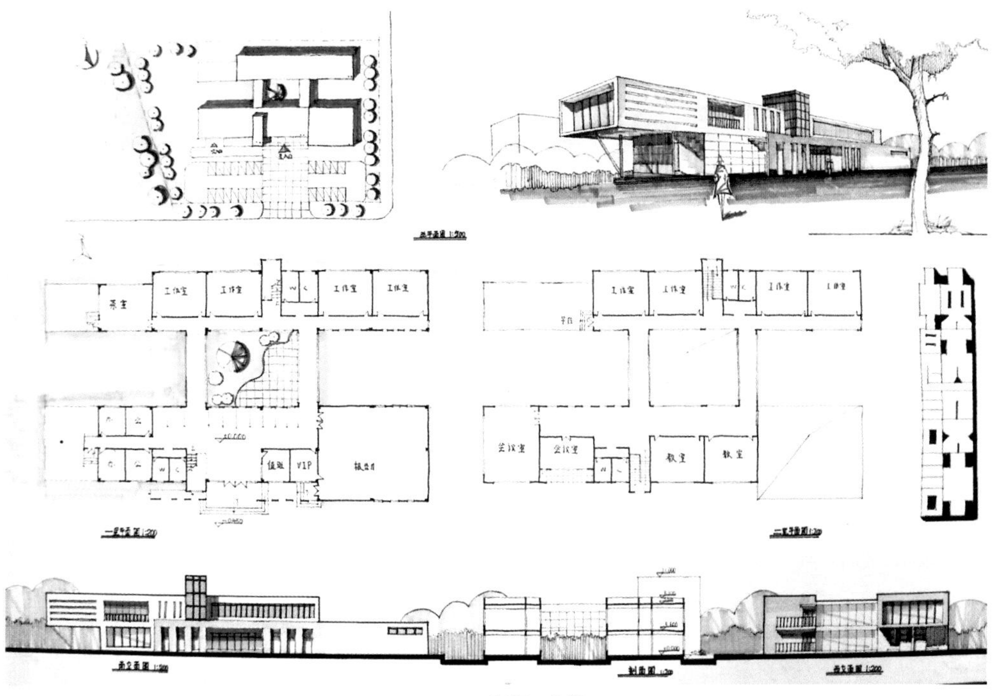

• 10-4-2 班灏 建学 04

10-4-2 解析与评语：

该快题方案一层平面将报告厅置于主入口附近是较为妥当的，一来便于疏散，二来可在闲暇时间段对外出租等，办公区、工作区和教室区的位置摆放适宜，门厅应有相应的文字表达，二层平面西侧会议室的两门过近不妥，二层平面的内院和报告厅上空应有对应的文字表达。

总平面布局方面，建筑单体与南侧道路有一定的退让，并形成入口前两侧的停车空间，可在其西侧开设车行出入口，建筑周边宜有消防通道环路，建筑单体西侧与用地红线西侧的呼应关系不明显。立面与剖面的表达均较为准确，透视图效果尚可，色彩方面多些深浅变化层次为宜。

10-4-3 解析与评语：

该教学楼将教学活动、配套餐饮与教职工住宿结合进行一体化设计，一层平面 4 间教室的南北间距过近，在日照间距、视距与听距方面都存在彼此干扰与影响，且不符合教学类建筑设计相关规范要求，二层平面的北侧厨房类房间标注有误。

总平面的场地关系合理，运动场地摆放位置适宜。剖面构造表达较为准确，概念清晰。1:50 的墙身大样图表达准确合理并且进一步丰富了图面。透视图的形体造型提供了一种有代表性的坡屋顶样式，另外其色彩明暗与搭配也较为协调。

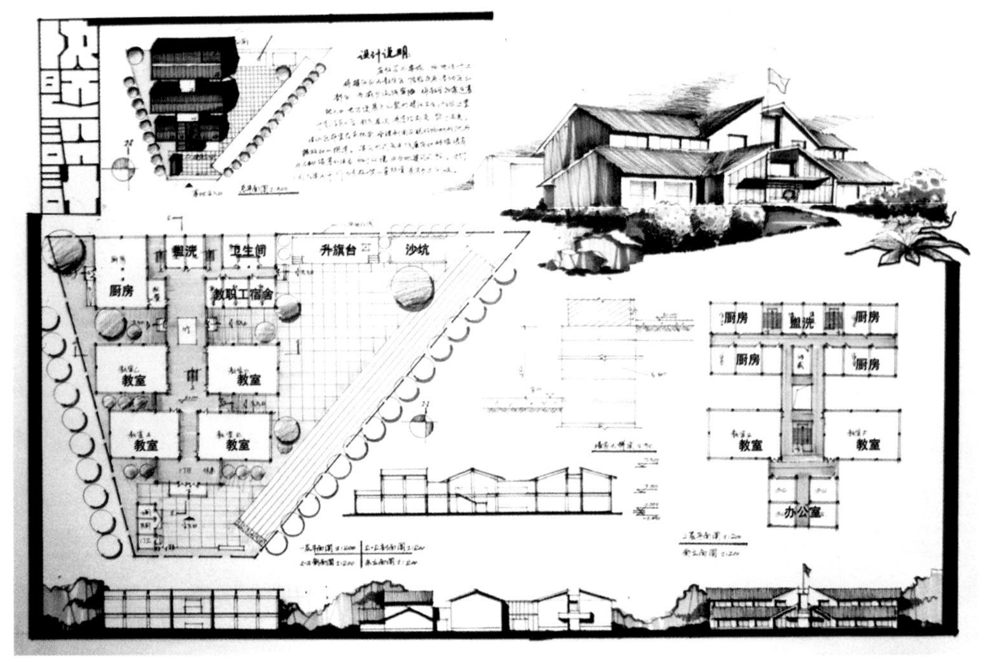

• 10-4-3 马骏　建学 06

10-4-4 解析与评语：

该方案的首层平面分为三大板块：教学区、宿舍区与卫生区。其中，对于教学区而言，应注意的一点是若该项目位于南方地区，则按本方案布置为南外廊（以考虑遮阳为主），若在北方地区的话，则宜为北外廊（以考虑采光为主）。公用卫生间的位置合理，兼顾到宿舍、教室和操场三者的使用。

总平面的建筑布局与用地红线的关系较为协调与适应，主入口前广场的缓冲空间适中。B-B 剖面图的顶部构造画法有误（与透视图和立面图不符），另其楼梯间画法也存在与平面不对应的笔误问题。在快速考试中，除非任务书明确要求外，通常透视图只需认真画好一个即可。色调控制符合快速设计的要求与风格，笔法较为奔放。

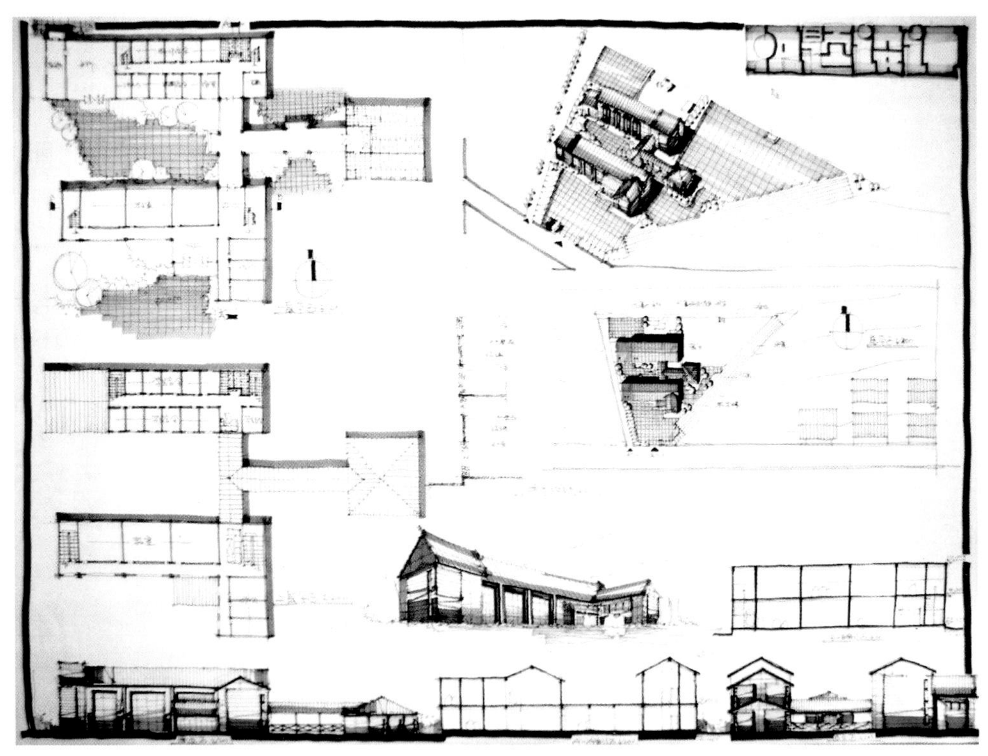

• 10-4-4 宋臻　建学 06

10.5 艺术活动（展示）中心

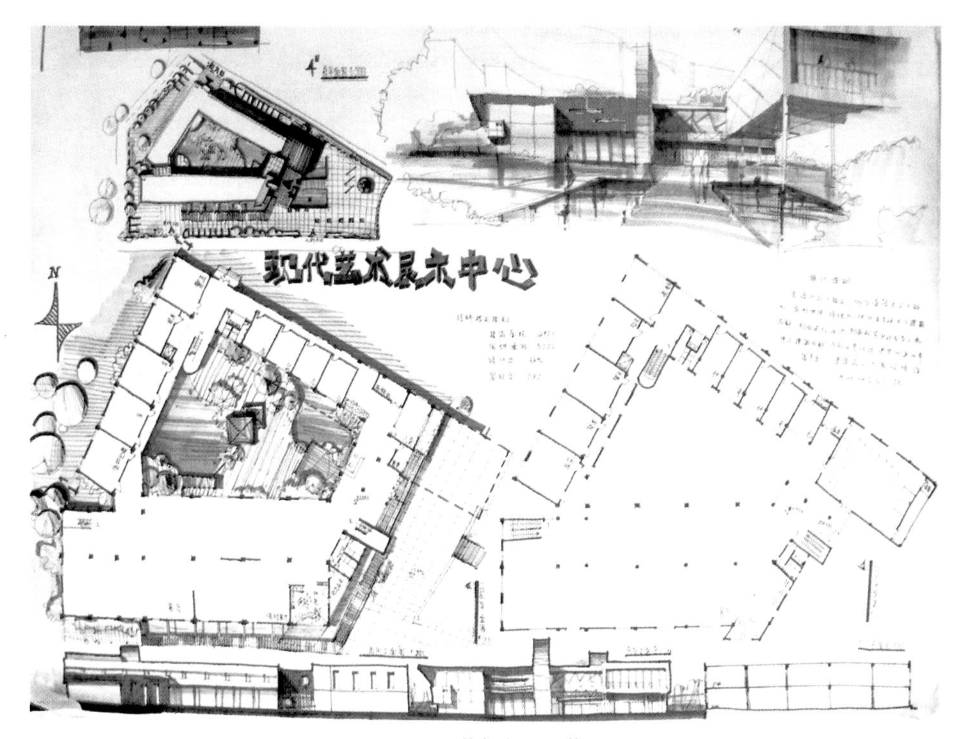

• 10-5-1 戴帼钰 环艺 07

10-5-1 解析与评语：

该快题方案整体图面效果良好，但在平面部分由于空白较多（尤其以二层平面较为明显），可运用表现或设计等手法将其稍作进一步深化处理。平面里由于大房间较多，故可以将房间名称位于房间中部。院落环境刻画效果较佳，二层平面图的悬挑部分在首层平面图没有相应支撑表达。一层平面图主入口处的卫生间布局反映其前室概念不够清楚。柱网和交通疏散方面的考虑较为全面。

通过总平面的布局来看，反映出该生的场地意识较好，人行与车行出入口合理分流，东南角作为广场用地符合场地周边要求。立面图与剖面图绘制深度与准度尚可，透视图采用一点透视，视觉冲击力效果较强。

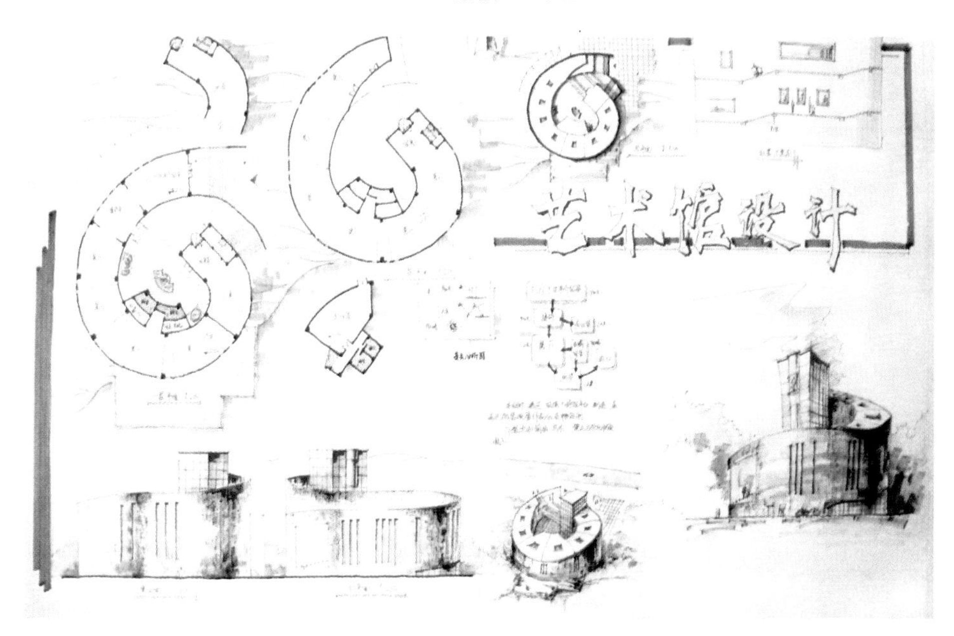

• 10-5-2 于家兴 建学 06

10-5-2 解析与评语：

该快题方案的图面设计匀称良好。平面大胆采用螺旋“6”字式，使参观流线避免迂回与交叉，且有意在展厅交接区域设置观景平台，注重室内外景观的渗透与互补。在二层与局部三层平面最应注意的就是疏散问题的合理解决。

总图中的停车区表达有误（车行通路没有绘制），剖面部分应有完整表达，立面部分应有前后进深层次的区分，透视图部分反映该生对自己想法的表达驾驭能力较强，对于曲面体的受光明暗该如何表达，该透视图提供了一种值得借鉴的参考。

10-5-3 解析与评语：

该方案作品的平面功能分区较为合理，流线清晰。但在细部有些许瑕疵，应引以为戒，如主入口处应做无障碍设计（增设坡道），东北角处的出口处没有做室外平台与高差，楼梯间的绘制深度不够，柱网间距的尽量一致性等。

总平面中建筑轮廓与用地环境能够较好融合，但北侧一突出体块对其北侧道路有些压迫（宜有退让），场地内停车区域应明确表达。立面和剖面部分表达较为准确，透视图效果较好且大小适中，色调搭配也较协调。设计说明部分不应空着，另外应有技术经济指标的表述。

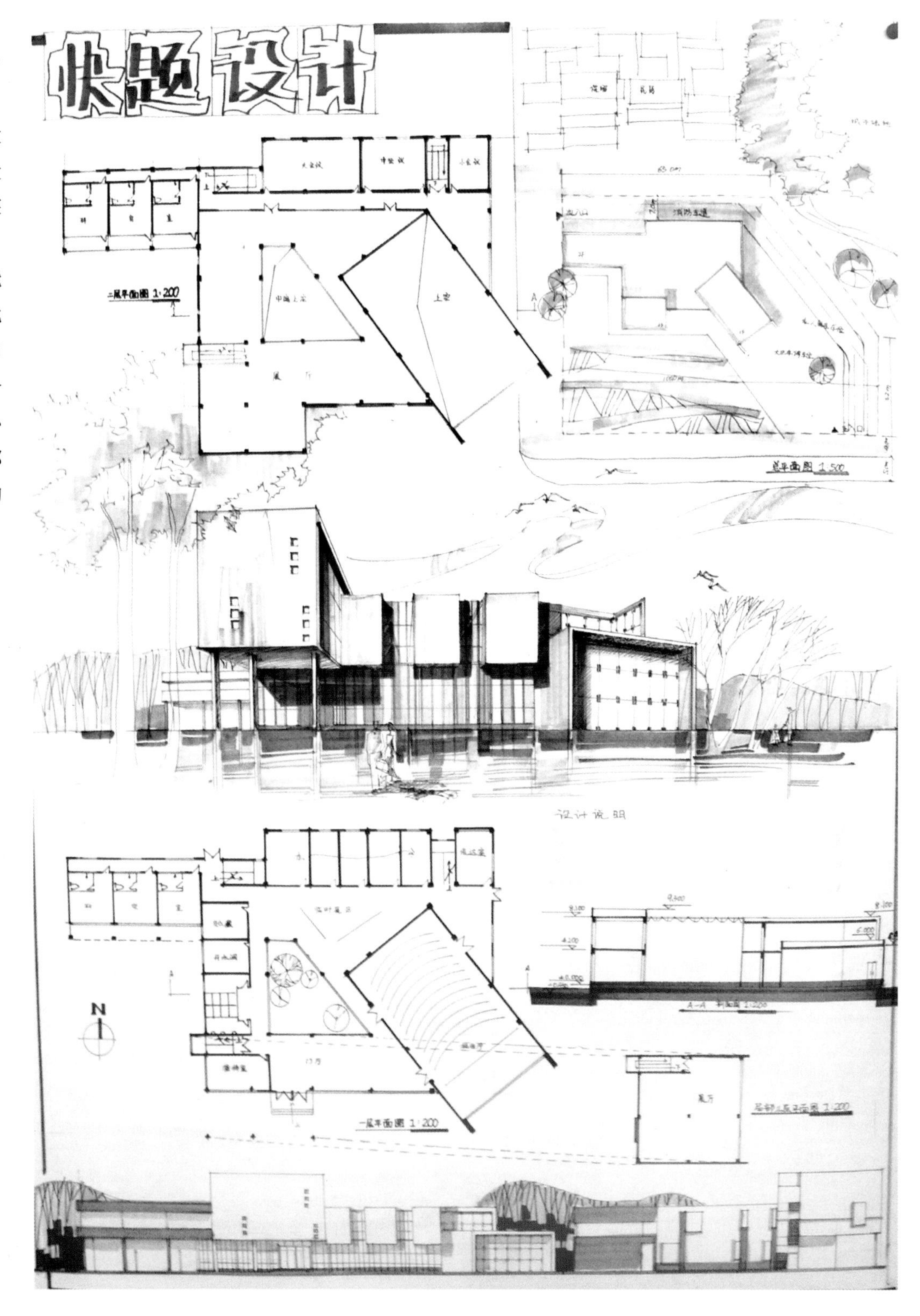

• 10-5-3 李亚子 建学05

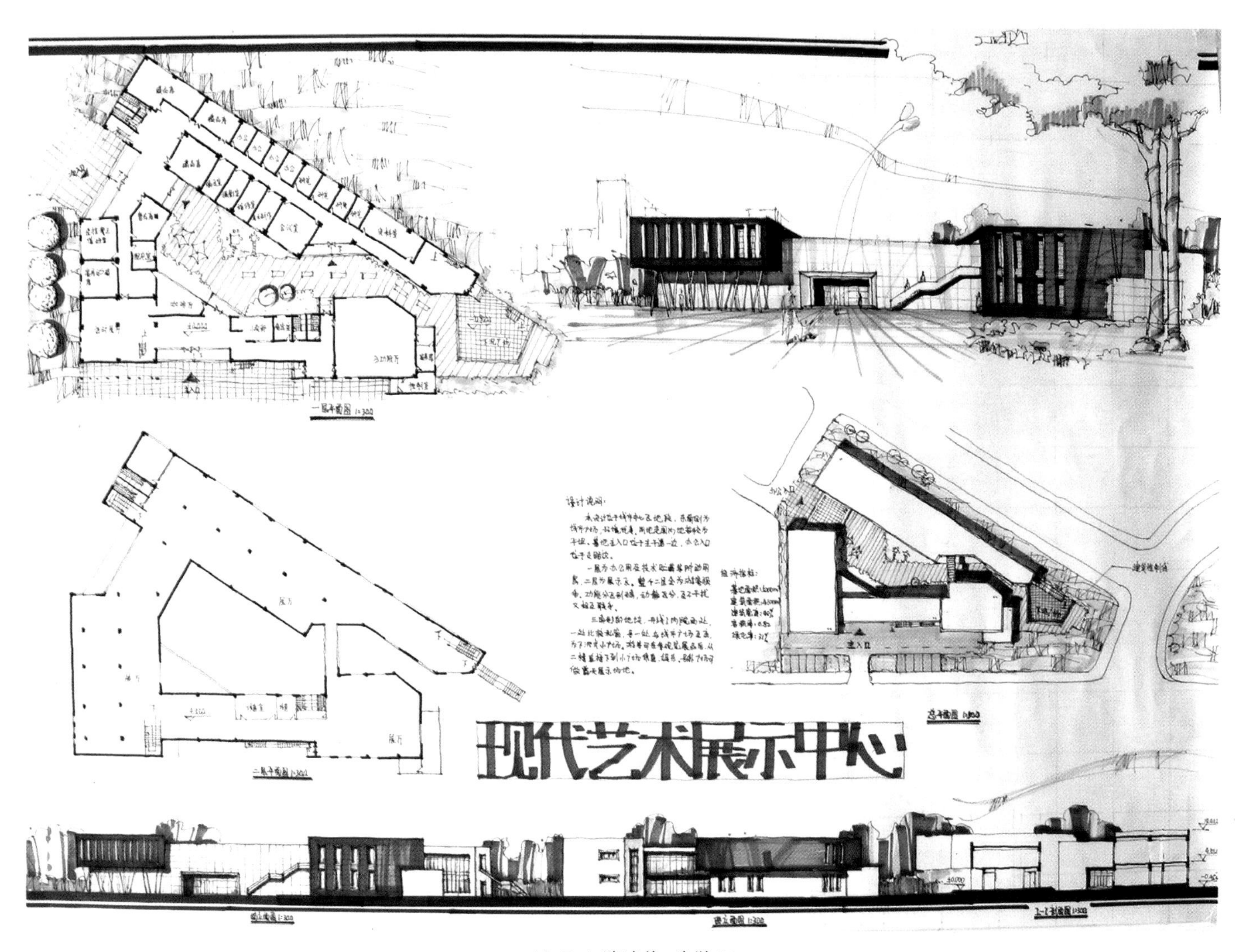

• 10-5-4 路凌俊 建学 04

10-5-4 解析与评语：

该快题方案的平面布局丰富，形体呼应关系强烈，同时流线清晰，游客参观区与办公库存区泾渭分明，主次入口位置适当，多功能厅有相对独立的出入口，且能实现某些情况下独立对外经营或使用的可能性。垂直交通的布置妥当，二层平面若稍作图面上的深入表达更佳。

总图中的主入口考虑到尽可能地远离交叉路口，办公部分的入口位置选取恰当，东侧设置下沉广场一来削减其旁交叉路口处的视线干扰，二来降低路口处对广场的噪声干扰，三来也起到衬托艺术馆体量感的作用。立面与剖面表达尚可，透视图部分提供一点透视的表达示范，再者从形体的虚实对比与穿插渗透等方面同样有着不可多得的借鉴价值。

10.6 美术馆

10-6-1 解析与评语：

该快题考试题目最大的难点在于要求摆放3个大体量空间，以及随之产生的层高高差问题。而该作品对上述问题解决较好，从功能分区、参观流线、竖向高差及防火疏散等方面都有兼顾与合理安排。但一、二层平面图中卫生间的面积配比偏小，应做一定调整。

版面布图均匀饱满。总平面图的建筑形体与周边用地有所呼应，且主入口考虑到尽量做到远离丁字交叉路口，但对停车区位没有表达是一遗憾之处。剖面与立面表达尚可。透视图为典型的两点透视，形体较为丰富，高低错落有致，且选用便于快速绘制完成的形体造型。

• 10-6-1 陈悦 城规 07

10-6-2 解析与评语：

该快题作品所用题目同上一案例。该作品将平面设计为以门厅为界，一分为二式的左右分区布局，并照顾到南侧沿湖的景观需求，二层平面的平台部分应注意设置台阶高差和雨篷，内走廊两侧墙面考虑到开高窗（提高内走廊采光与通风），画室考虑到朝东布置。

总平面图里的建筑形体与周边环境结合较好，顺应岸线走势且设置了亲水平台，但没有布置停车区间。立面效果表达良好，剖面技术措施表达较为全面准确。透视图的表现效果较好，以马克笔与彩铅相结合，将透视图面营造了一定氛围，船只、建筑小品等配景为图面锦上添花。

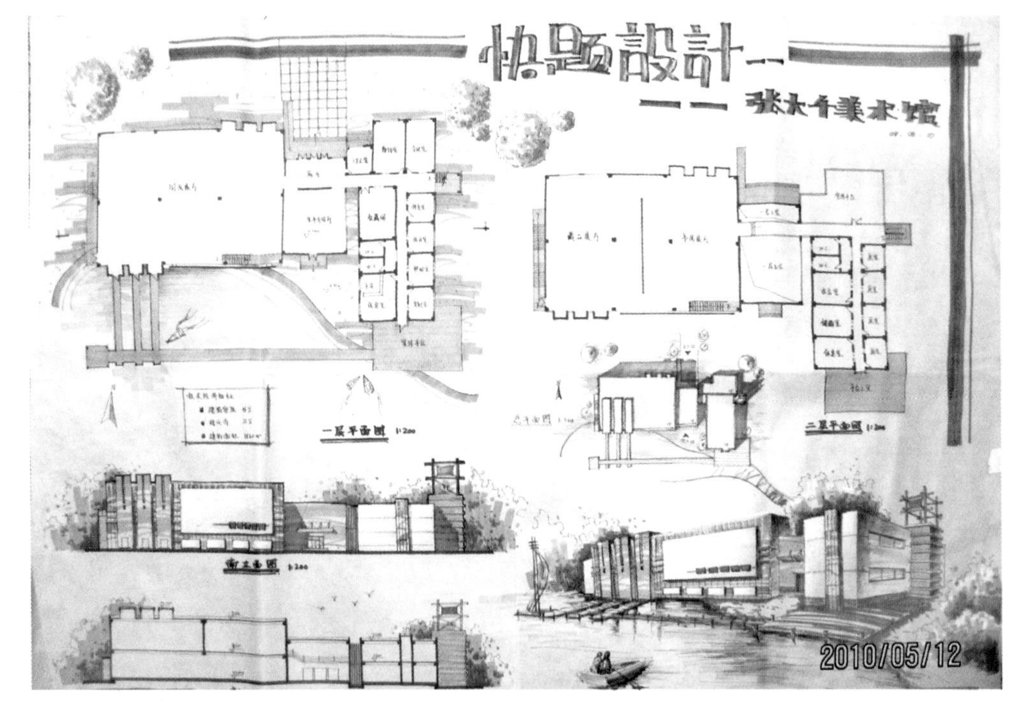

• 10-6-2 王晓晨 建学 07

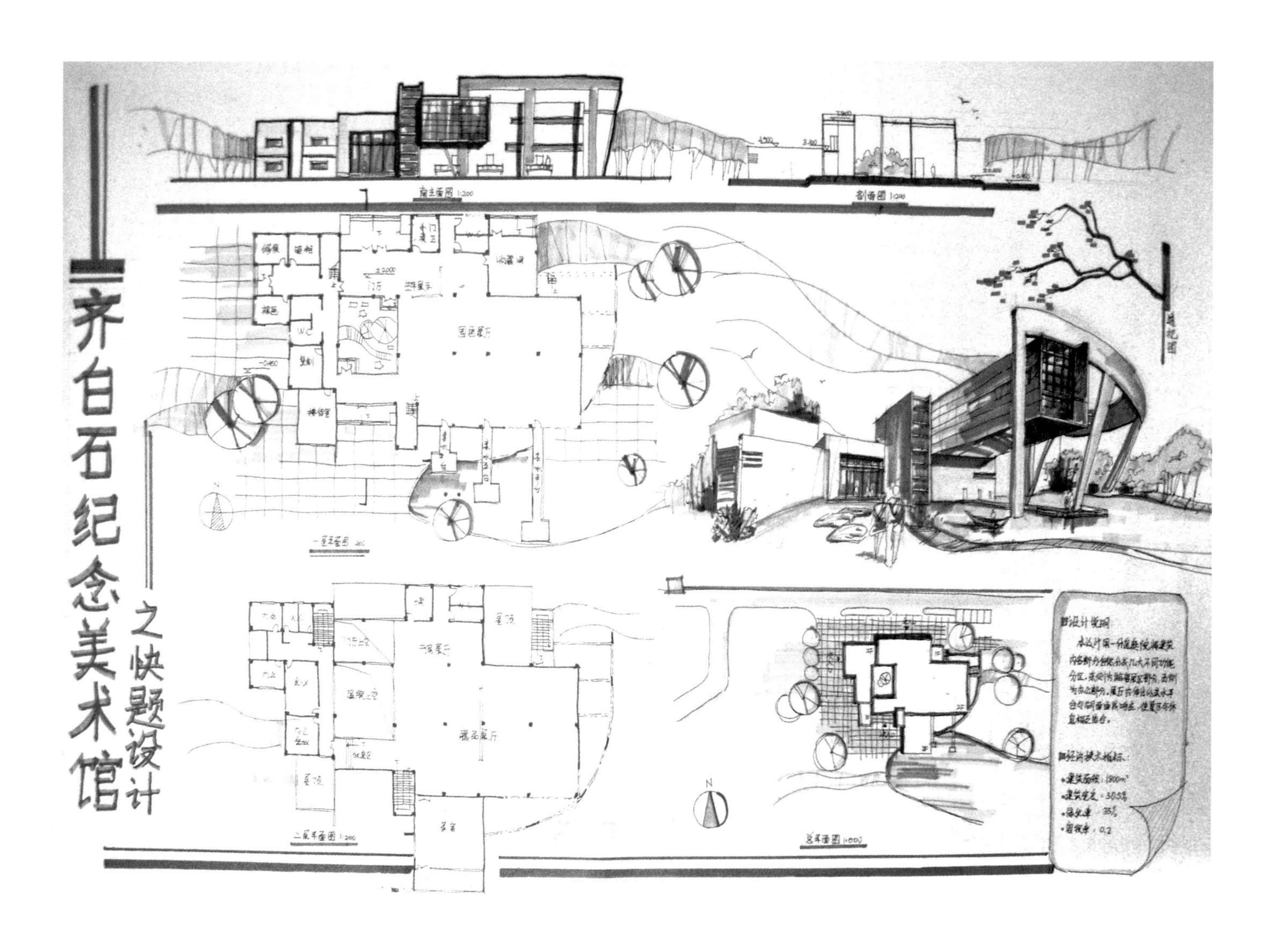

• 10-6-3 宋一杰 建学 05

10-6-3 解析与评语：

该快题作品图面清新淡雅，版面匀称。首层平面功能分区基本合理，入口附近的卫生间方位朝向应有所调整，“生平展示厅”的范围界定不明确且缺少相应展墙。二层平面室内台阶处在空间允许条件下宜设无障碍坡道，“门厅上空”部分可去掉，使交通能环绕“庭院上空”形成回路。

总平面图的表达上应注意的一点是建筑阴影宽度与其对应高度的大体对应性，停车位部分在总图上没有示意。剖面图在制高点没有标高，可以选择剖到楼梯间以示意上下层之间的连接关系。南立面图稍显左轻右重。透视造型有一定突破，体块穿插效果明显，色调与环境表达出一定符合题目要求的意境。

10-6-4 解析与评语：

整体图面效果较好。一层平面的大体分区合理，其中门厅正对的封闭楼梯间门应朝外开启，另右侧4间漏写名称的房间长宽比过长，卫生间应做前室，螺旋状的楼梯间可作为本方案的亮点之一，但在外部出现卫生死角，三层平面的过厅有些浪费，可适当增添房间。

总平面没有设置基地内道路，停车位过少。立面效果较好，剖面没有标注标高，二层有高差但在剖面没有表达。透视图的虚实对比、材质对比和色彩对比等方面表达较为全面。标题字的空心立体感效果有一定参考价值。

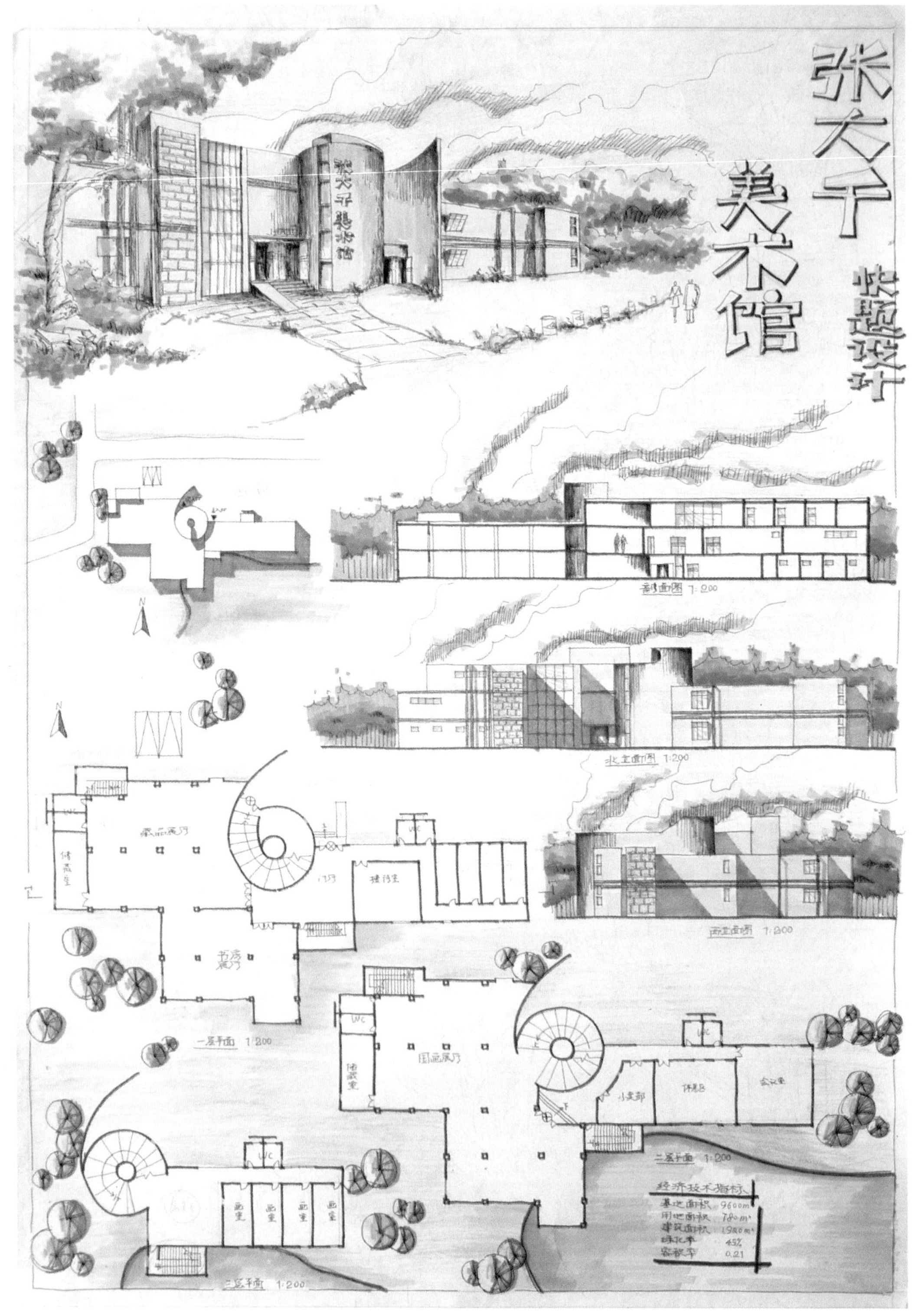

• 10-6-4 仲伟君 建学07

10.7 社区服务（活动）中心

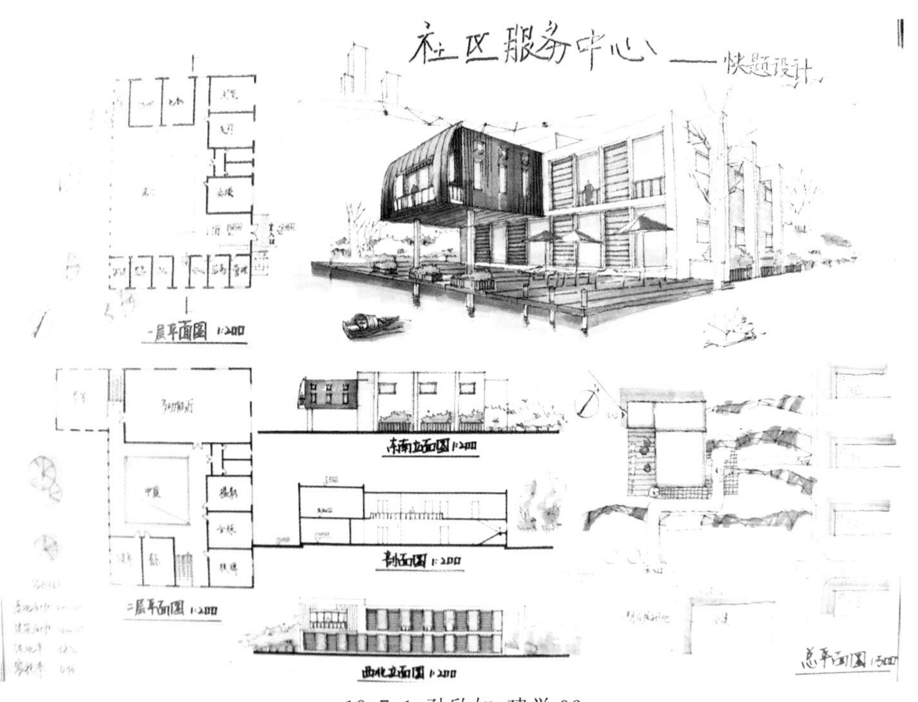

• 10-7-1 孙欣如 建学 06

10-7-1 解析与评语：

整体版面效果尚可。一层平面阅览室处的一段内走廊有所浪费与闲置，入口处的坡道尺寸有一定误差，卫生间应有标注名称。因平面布局中有若干大空间，故建筑结构方面宜做成框架结构（即布置柱网），二层平面的茶室宜设置备茶间。

总平面的路网设计部分宜进一步推敲与改进，停车位尺寸有误。东南立面图应注意临水地面线的表达。剖面图漏画顶层的女儿墙看线，楼梯间画法与平面位置不完全对应。透视图选取临水角度表达效果较佳，亲水平台的表达元素可借鉴，水面船只的尺寸偏小，造型效果尚可，色调明快。

10-7-2 解析与评语：

该快题的图面构图较好。平面功能分区合理，缺少柱网布局，二层平面的 3 间活动室应有具体名称定义（任务书有要求），卫生间前室处注意到画高差线可嘉。

总平面表达较为全面，地面铺地分割线尺寸应再大些，停车位尺寸应进一步准确化。立面不宜以“正、侧”来区分，剖面图将房间名称标注在相应房间使剖面表达更趋清晰化。透视图的造型效果较丰富，明暗与光影关系表达明确，墙面运用 W 系列的暖灰与地面运用 C 系列的冷灰拉开层次并形成主次关系。标题字与房间名称的字体书写效果较好，为整幅图面锦上添花。

• 10-7-2 刘永峰 建学 07

10-7-3 解析与评语：

该快速设计练习作品的版面均匀饱满。平面布局属于“U”字形模式，功能板块布局合理，顶层楼梯漏画防坠落栏杆，卫生间应有名称，三层平面图没有标题名称和比例。

总平面的表达元素较为完善。立面图与剖面图的绘制符合快速设计的基本要求，剖面图选取剖到内院的位置，丰富了剖面的效果表达。透视图选取一点透视的方式，在绘制时间上比两点透视有优势，且技巧性地运用了“U”字形视觉角度，使表达效果不输两点透视，但入口进深层次与平面所示有一定误差。

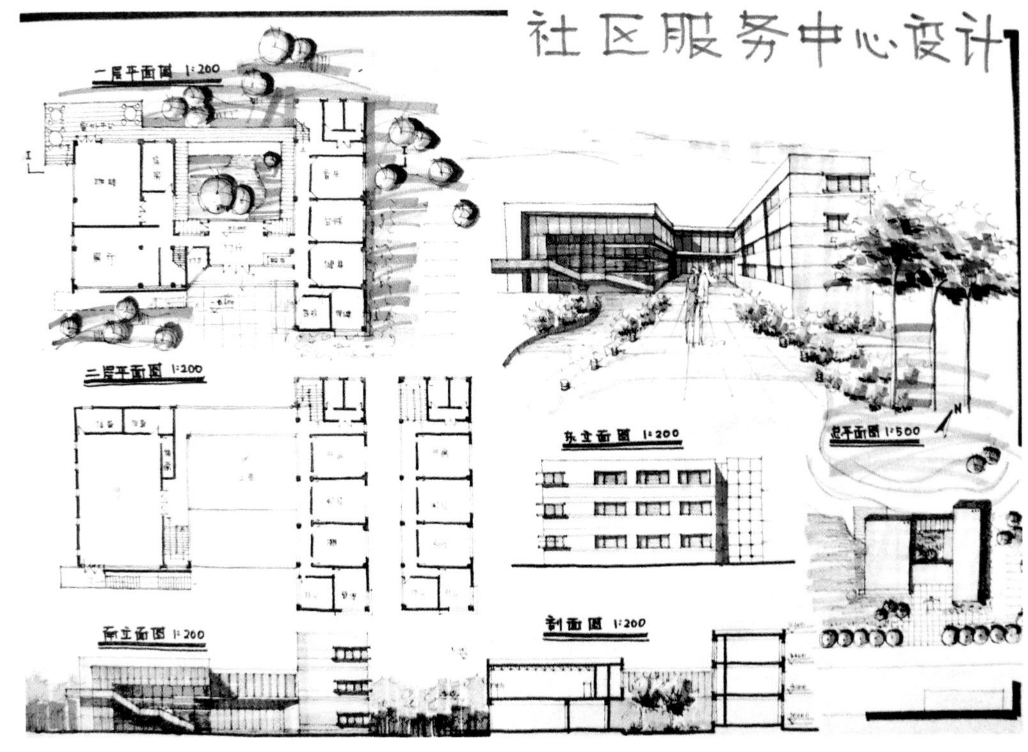

• 10-7-3 王雯雯 建学 06

10-7-4 解析与评语：

该作品亦是一份优秀的快题作品，构图版面安排较好。平面功能分区较好，将相对嘈杂的动区布置在一层，但可将二层的琴房和一层的摄影室进行对调。此外，应有柱网布置，一层主入口处应进行无障碍设计，二层的露台处应进行高差设计。

总平面的形体关系较为紧凑，应画指北针，应有停车位布置。立面与剖面部分的表达到位且符合建筑制图规范。透视图的形体关系较为丰富，两处红色构架的设计为本案增色不少，既醒目突出又形成强烈的色彩对比。

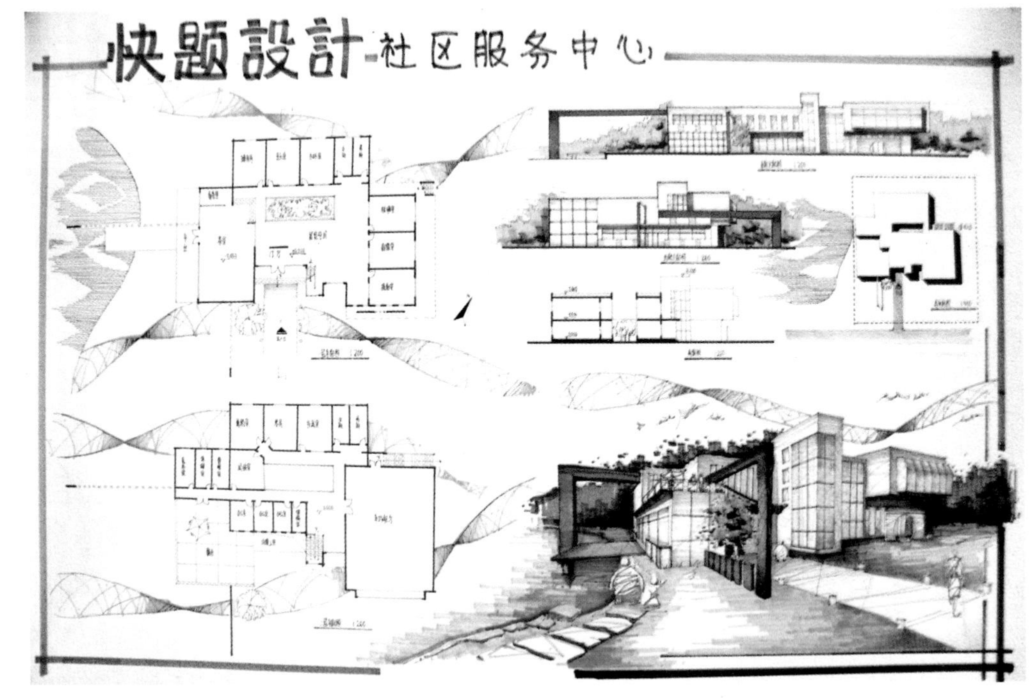

• 10-7-4 任司博 建学 07

10.8 文化（纪念）馆

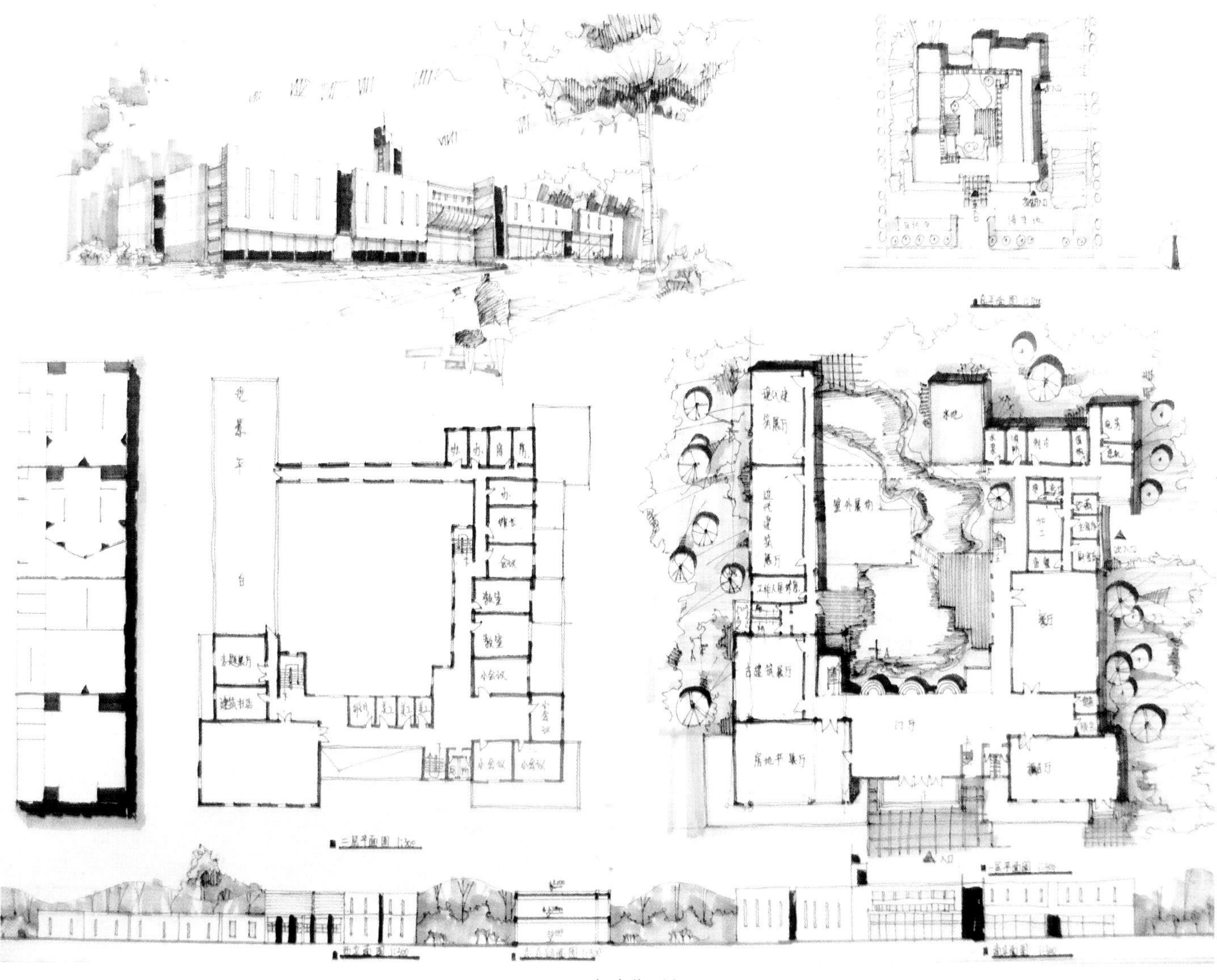

• 10-8-1 陶建华 景观 07

10-8-1 解析与评语：

该快题作品的版面清新淡雅，均匀和谐，若将二层平面的内院与周边环境进行一定表达则更佳。平面的功能分区大体合理，其中餐饮区的备餐间与餐厅的开口处理不当，楼梯间的尺寸表达有误，主入口处应进行无障碍设计，一层北侧的二层连廊投影处应有柱廊，二层的卫生间面积偏小，室外平台与外走廊连接处无高差。

总平面图中建筑内院处的投影漏画，次出入口处亦应有停车区域的表达。立面图的外轮廓应加粗且应画出光影关系，剖面图应有室外地面处标高。透视图的形体造型丰富，具有横竖对比，虚实对比也较为强烈突出。

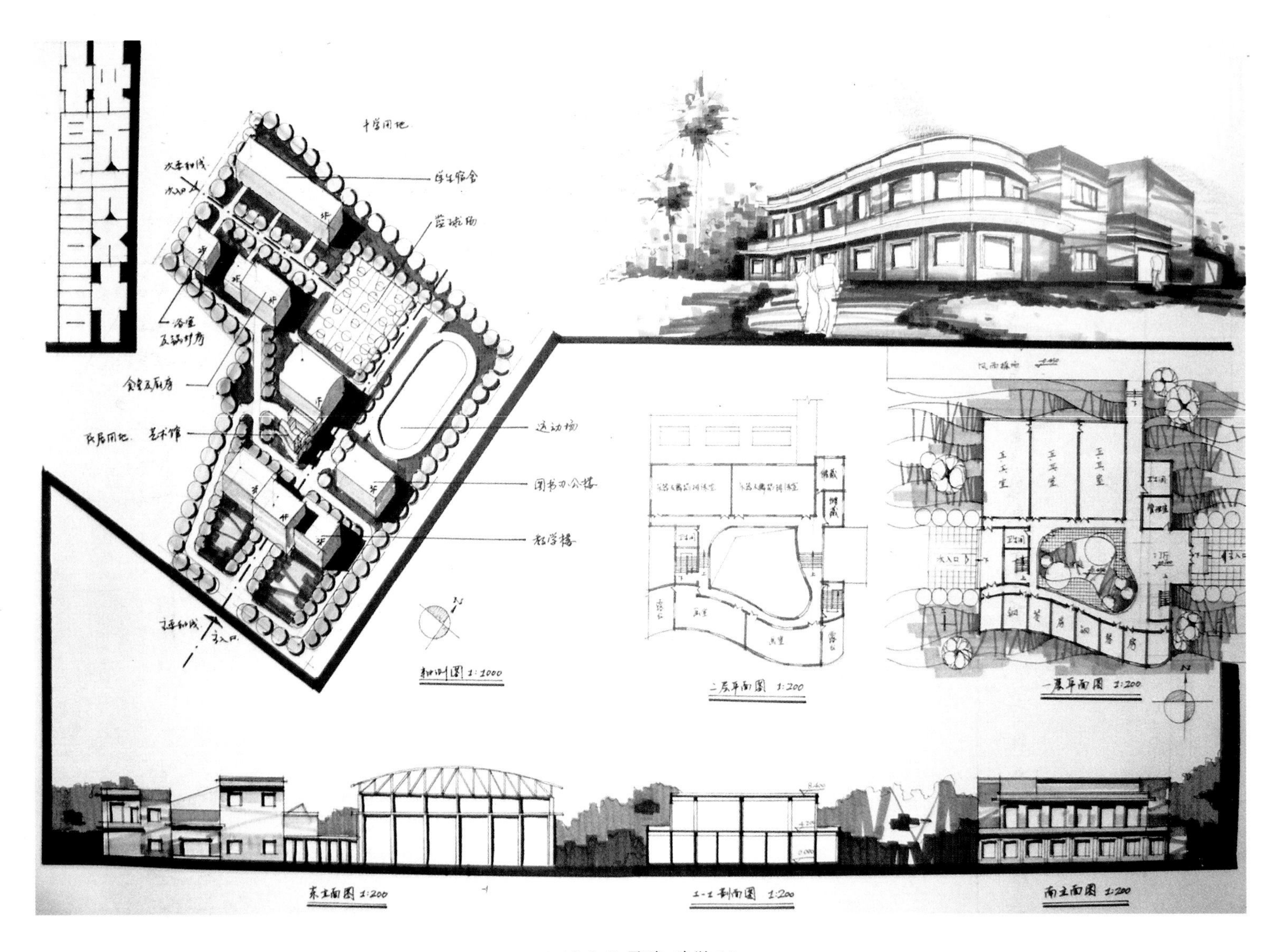

· 10-8-2 马骏 建学 06

10-8-2 解析与评语：

该快题作品的色调统一，图框线处理个性鲜明且有整体意识。平面采用内院式布局使分区合理，卫生间应划分男女分厕，内院开口处应有踏步与平台，二层平面的两处露台也应有平台表达且还应有栏杆表达。另外，应进行一定的柱网布置。

总平面采用轴测图的表达方式虽然使直观性效果提高，但通常不建议模仿（考虑到时间成本和工作量，除非题目任务书有此规定），另外在此轴测图中应将所设计的单体建筑醒目地加以标出和区别。立面与剖面采用两立一剖的串联方式效果尚可，透视图的造型绘制较为准确，曲面墙形成本案的一大亮点。

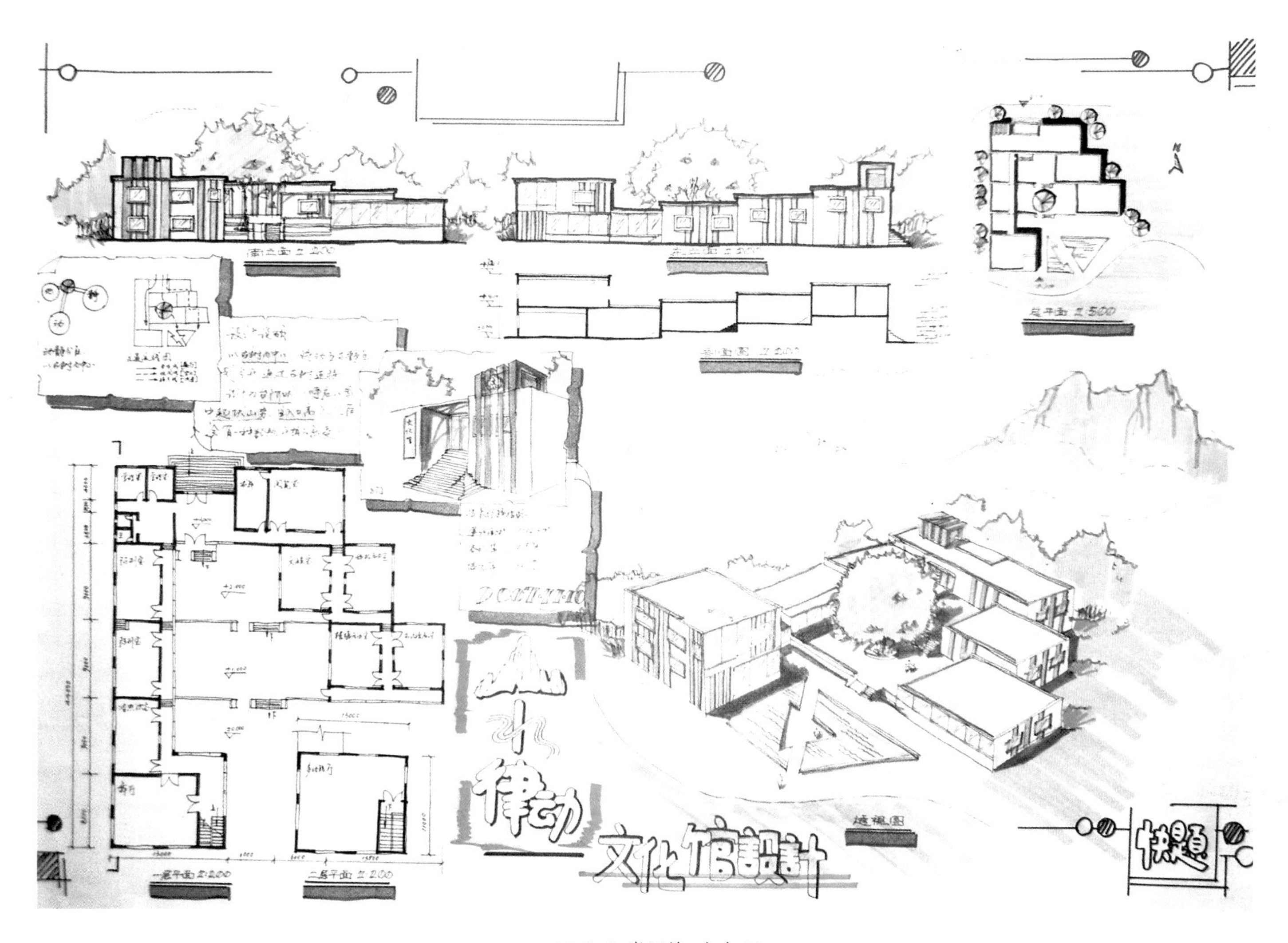

• 10-8-3 肖玉峰 土木 04

10-8-3 解析与评语：

该快题作品的版面布局紧凑，色调亮丽统一。平面采用分散式布局，且充分考虑到山地建筑特点来因地就势的设计高差，应将古树在平面图上表达出来，阅览室可和舞厅位置对调，将属于动区的舞厅位于主入口处相对较嘈杂位置且便于舞厅大面积房间的疏散，多功能厅与主体建筑应用廊道等方式进行相连。

总平面布局里的主入口位置与丁字路口较近，应拉开一定距离，另应进行停车位布置。立面与剖面表达基本准确。透视采用鸟瞰式表达全面，结合山地错落有致。图框设计有一定参考性，几张分析图的叠合错落式给图面紧张的情况提供了一种处理方式。

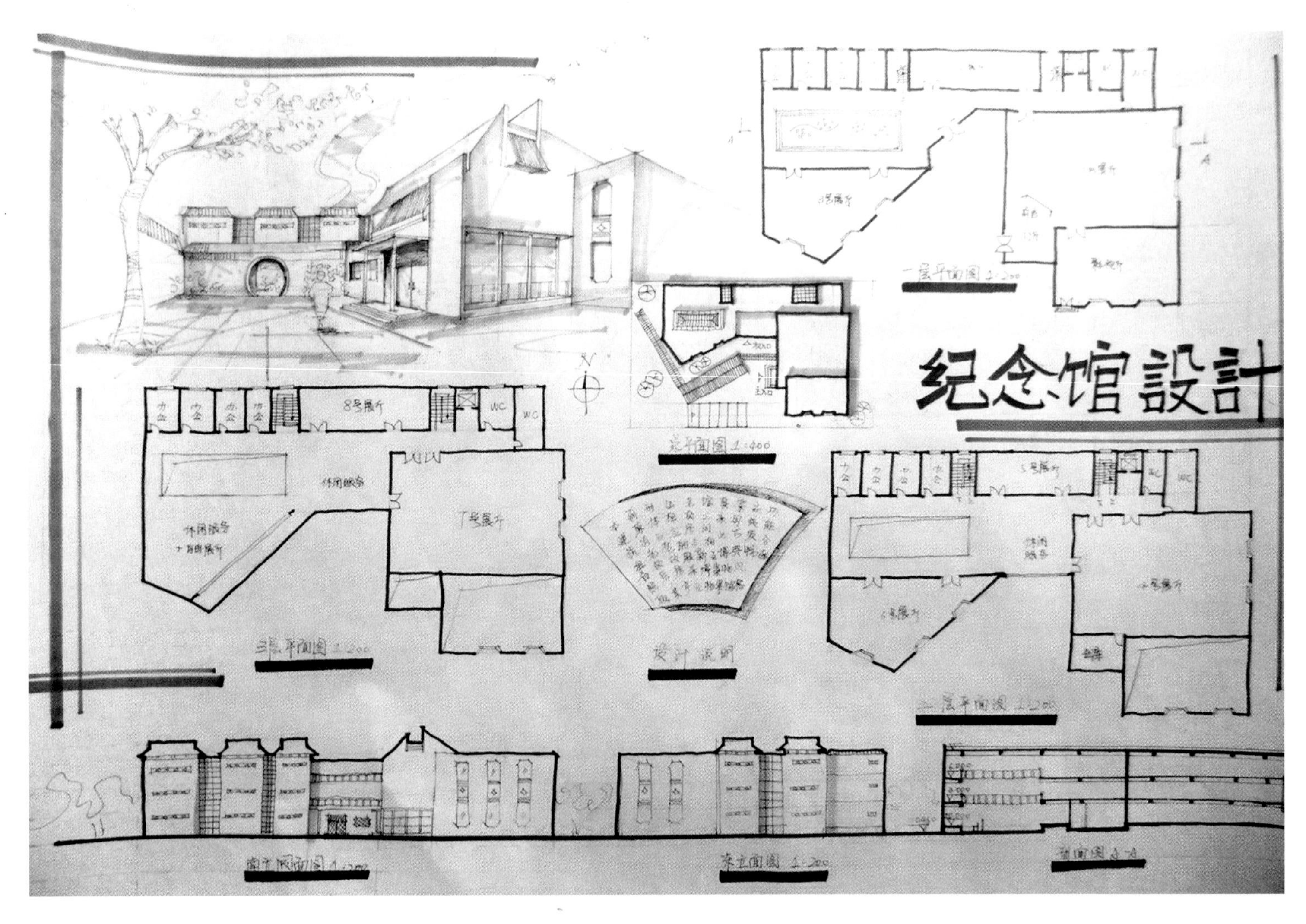

• 10-8-4 周雯青 建学 07

10-8-4 解析与评语：

该快题练习作品版面紧凑且采用淡彩式表达，与主题的中式风格取得一致性。建筑平面的参观流线设计较为清晰，一层平面入口处的高差表达有误，二层和三层的内院处应画栏杆，二层和三层的下层房间上空处的一些位置应为女儿墙的双看线。

总平面停车位的位置应照顾到消防车道的通行不受阻碍。剖面与立面的表达基本准确，其中立面的阴影应表达全面，且用深灰马克笔加重。透视图中多处运用中式元素，例如坡屋顶、月洞门、菱形窗和外廊等来强化主题，设计说明采用扇形框进一步强化，值得肯定。

10.9 厂房改造类建筑

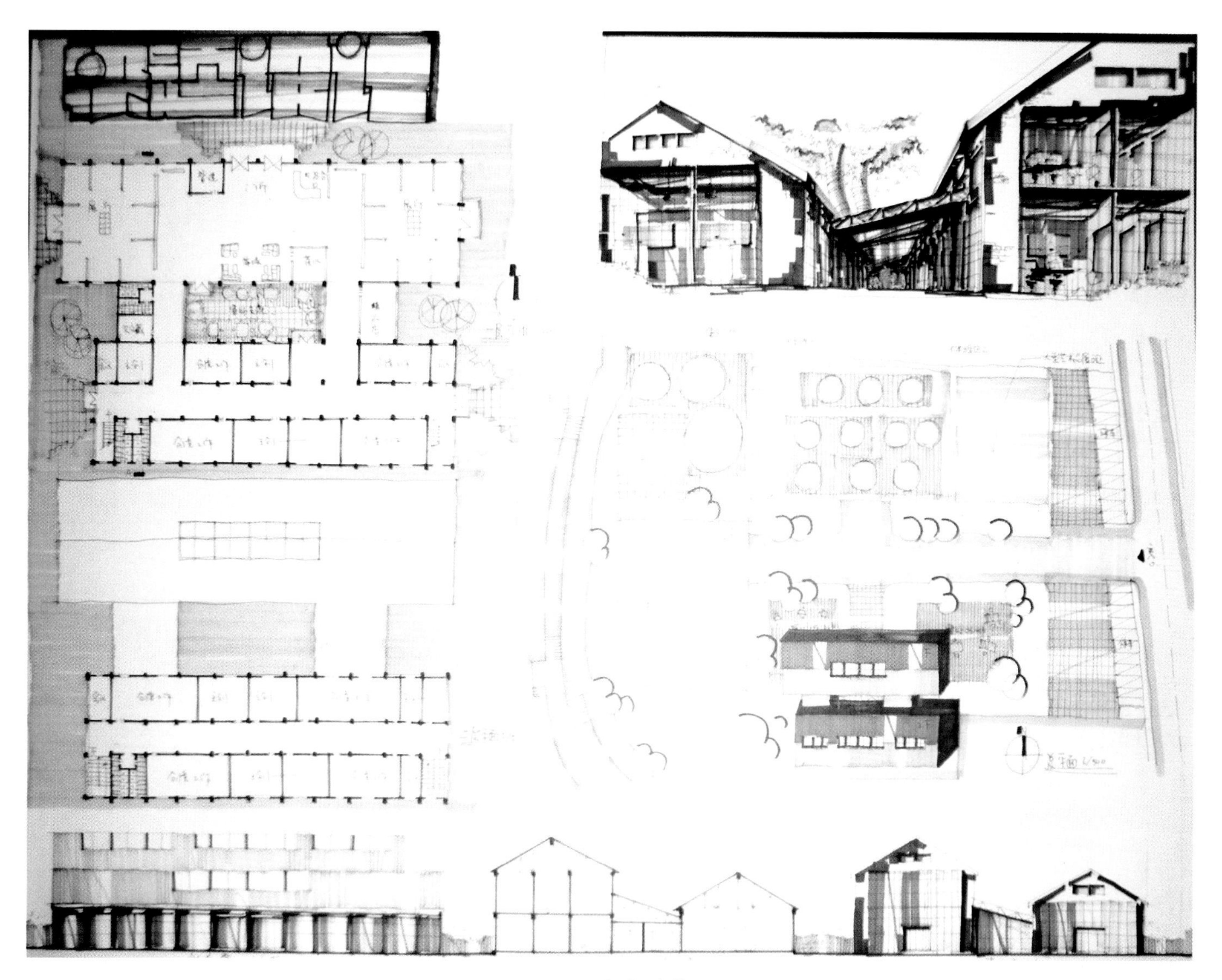

• 10-9-1 宋臻 建学06

10-9-1 解析与评语：

该快题练习作品的构图版面尚可，以灰调打底，局部用红、蓝色调提亮，主次鲜明且对比强烈。保持原单层厂房的大跨桁架结构，并在功能分区上作为展示区，新建部分运用框架结构并在顶部屋架部分与原厂房形成呼应，且在功能分区上作为工作创作区。楼梯间位置适宜，西南角处的卫生间位置牺牲了部分南向采光。另外，工作创作区的内走廊过宽。

总平面布局里的建筑位置适当，光影表达明确。立面与剖面的表达基本正确。透视图近似为一点透视，将视点所见建筑表达完整为宜。

10-9-2 解析与评语：

该快题练习作品的版面制图效果尚可，色调搭配协调。平面分区明确，但一层平面图的卫生间设置过多，内院景观效果处理较好，有一定参考性，但在中部的柱网过密，没有必要，另外报告厅的座椅布置尺寸有误。

图面右侧的两个分析图表达清晰，其绘制手法有一定的参考与借鉴。立面与剖面采用典型的两立一剖的串联方式，且绘制较为准确，但立面的色调处理有些过重，尤其是墙面部分。透视图的形体造型丰富度尚可，视点位置与建筑稍拉近一些使建筑表达更趋清晰化为宜。

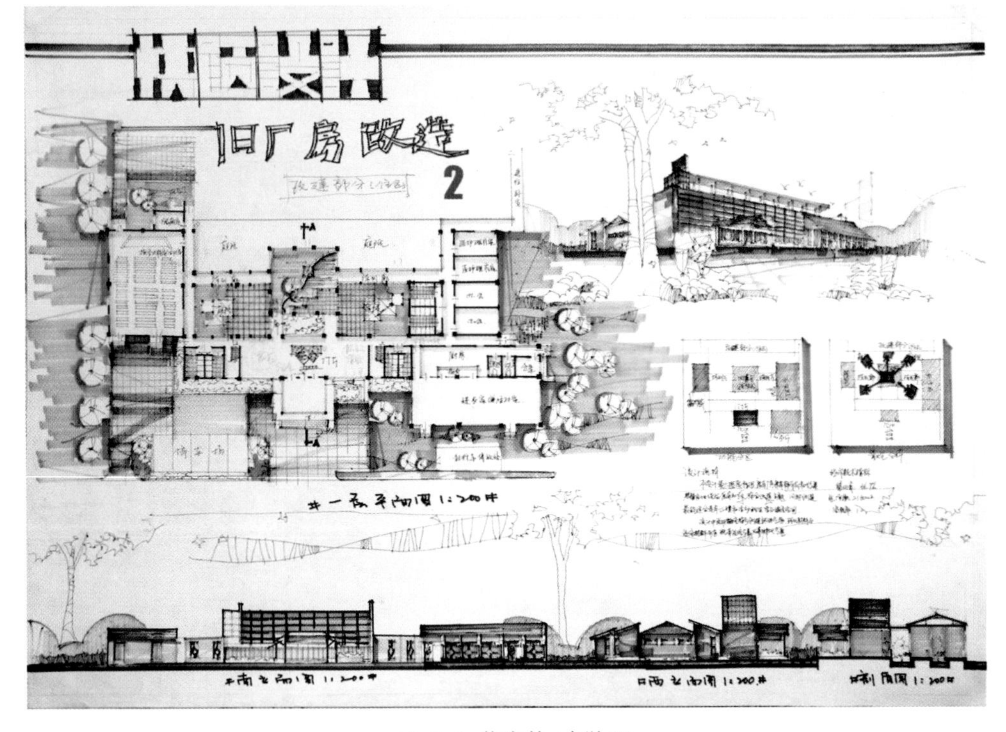

• 10-9-2 黄晓慧 建学 05

10-9-3 解析与评语：

该快题练习作品版面构图关系协调。在平面图部分，体块转折旋转的交接处理手法娴熟，但两层平面图最大的遗憾是若干房间名称没有标注完（在考试里不要出现这种情况），再者卫生间的前室开口不当，二层平面图会议室的两个开门过近（应大于等于 5m）。

总平面的建筑体型表达清晰，双坡屋顶若进行一定的明暗面示意则更佳。从剖面图来看，建筑坡面坡度可再平缓些为宜，剖面图的室内外地面处和建筑制高点应有标高。透视效果刻画较佳，顶部高低错落结合，材质虚实对比明显。

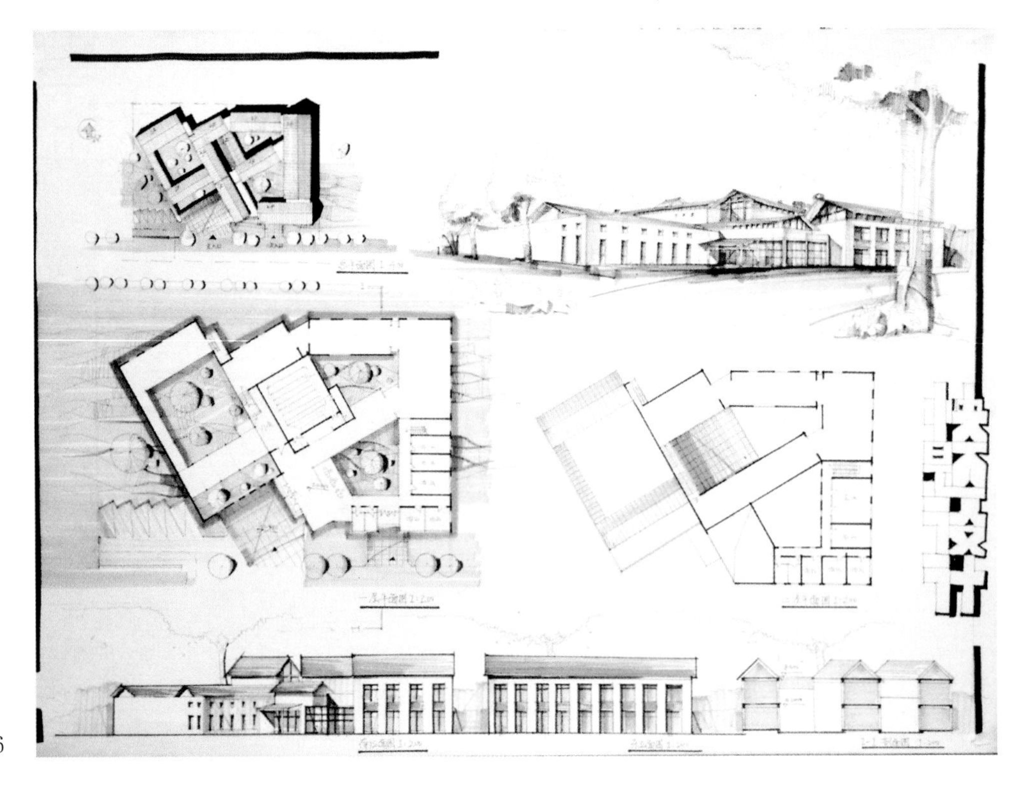

• 10-9-3 吕超豪 建学 06

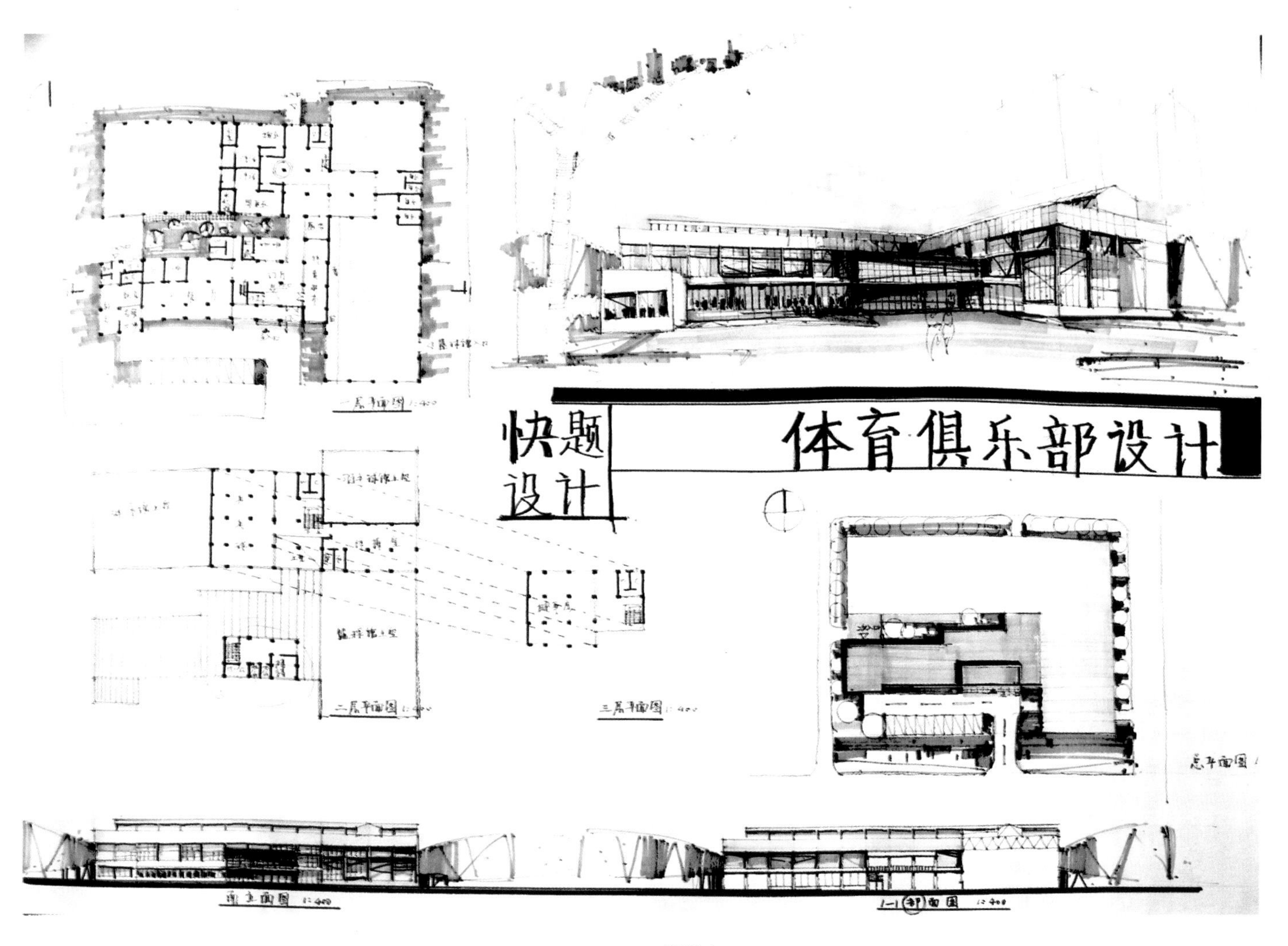

• 10-9-4 暂无名

10-9-4 解析与评语：

该快题方案任务书题目改自2007年一级注册建筑师方案设计作图的题目，难度相对较大。版面设计上尚有可添加的空白区域。在一层平面中，篮球馆、羽毛球馆和游泳馆三个最大的体量分别位于改建部分的三端且便于疏散，西南侧体块为扩建部分，功能布局尚可。二层部分的乒乓球馆和体操馆里的柱子过多，与其功能不符。

总平面的改建部分没有表达阴影，改、扩建部分的大空间可考虑在总平面图的相应位置加设天窗。立面效果尚可。剖面图没有室内外高差、没有标高，不应犯此错误。透视图效果较为突出，主入口处采用暖色调，既与建筑主体形成鲜明对比，又起到强化主入口的醒目作用。

10.10 中小型办公楼

10-10-1 解析与评语：

该快题练习作品采用竖向构图，较为饱满。平面功能分区布局大体合理，一层的咖啡厅应与室外部分有所联系，二层平面应设置卫生间。平面形体有一定突破，为透视造型打下一定基础。

总平面表达不够清晰，配景树的尺度过大，场地界限不明显。立面效果尚可，剖面缺少室内外高差与标高。透视图造型效果较好，体块穿插感、虚实对比、刚柔造型均有所体现，值得参考与借鉴。

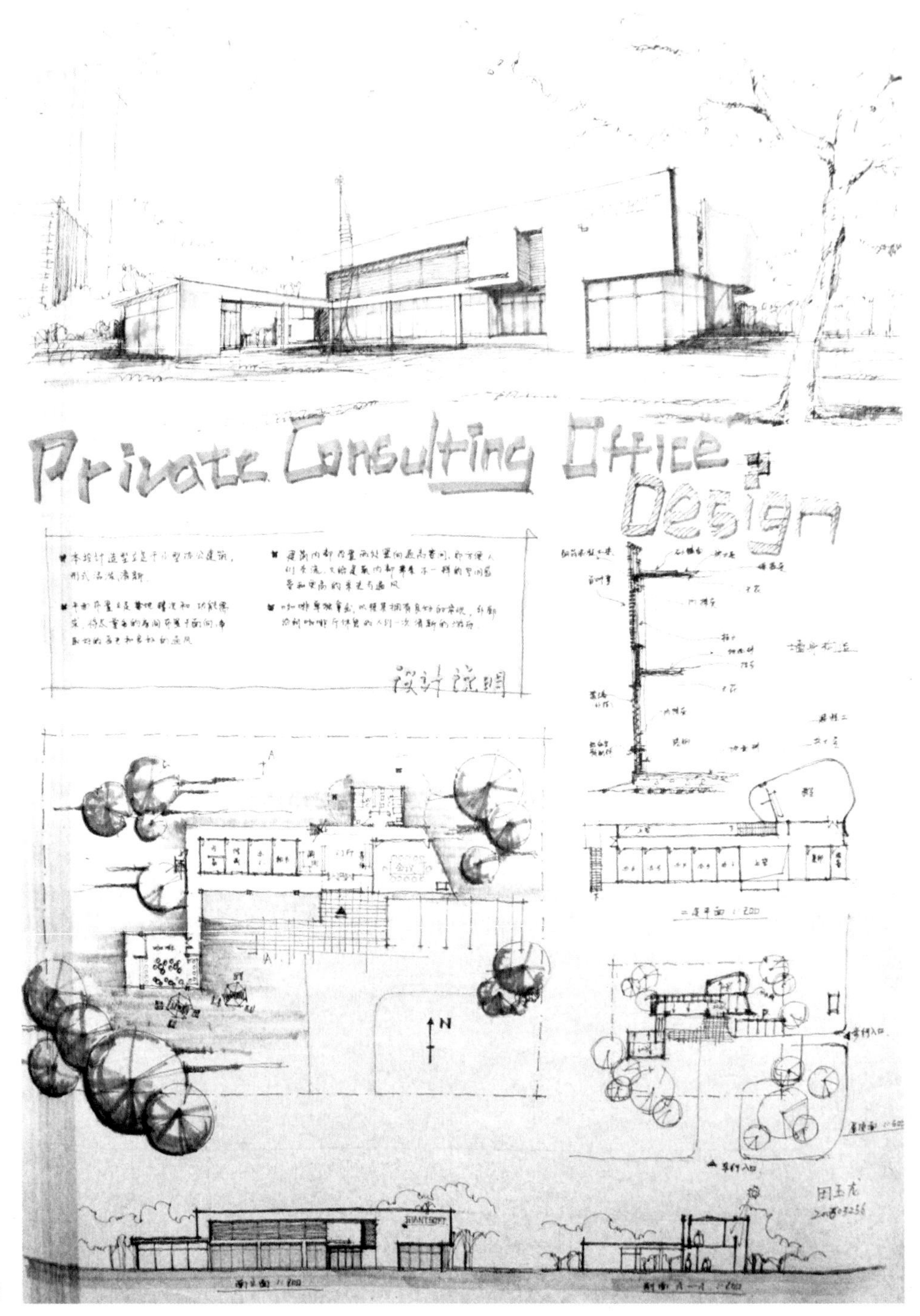

• 10-10-1 田玉龙 建学06

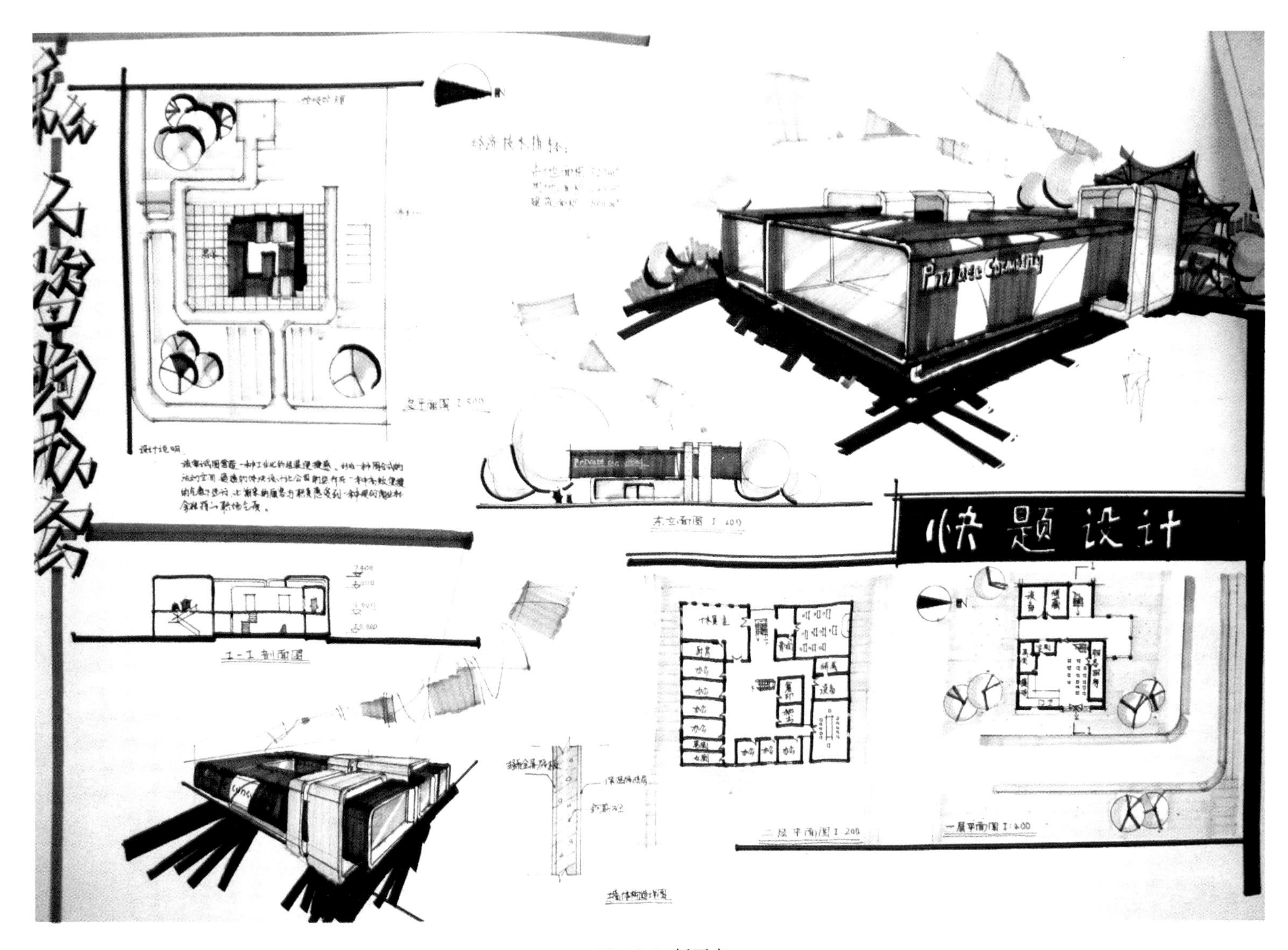

• 10-10-2 暂无名

10-10-2 解析与评语：

本快题练习作品的版面构图良好。该方案平面的交通面积有些浪费，两部楼梯的间距过近，一层卫生间开窗应均朝室外，室内外大门处应设置平台，二层的会议室与报告厅不应只有家具摆设，应标上名称。

总平面的路径设计有些机械，且停车位的设置有些仓促。立面表达尚可，剖面没有梁看线，且楼梯表达有误。透视图表达效果尚可，将本案的造型亮点得以充分展示，但图面左下角第二个透视图可不画，将此时间用于完善平面布局或剖面构造等部分为宜。

10-10-3 解析与评语：

该快题练习作品从版面构图而言可进一步丰富饱满化。平面功能分区大体合理，对于局部两层村镇级的办公楼，设置电梯没有必要，东西两侧的两个卫生间可在中部地段集中设置一处即可，二层平面的楼梯间只需一部即可。

总平面的布局较好，且照顾到与西侧原有老建筑风格的协调。立面效果处理尚可，剖面没有标注标高。透视图的造型表达较为明确，但右侧体块稍有走形。明暗处理得当，材质形成虚实对比。

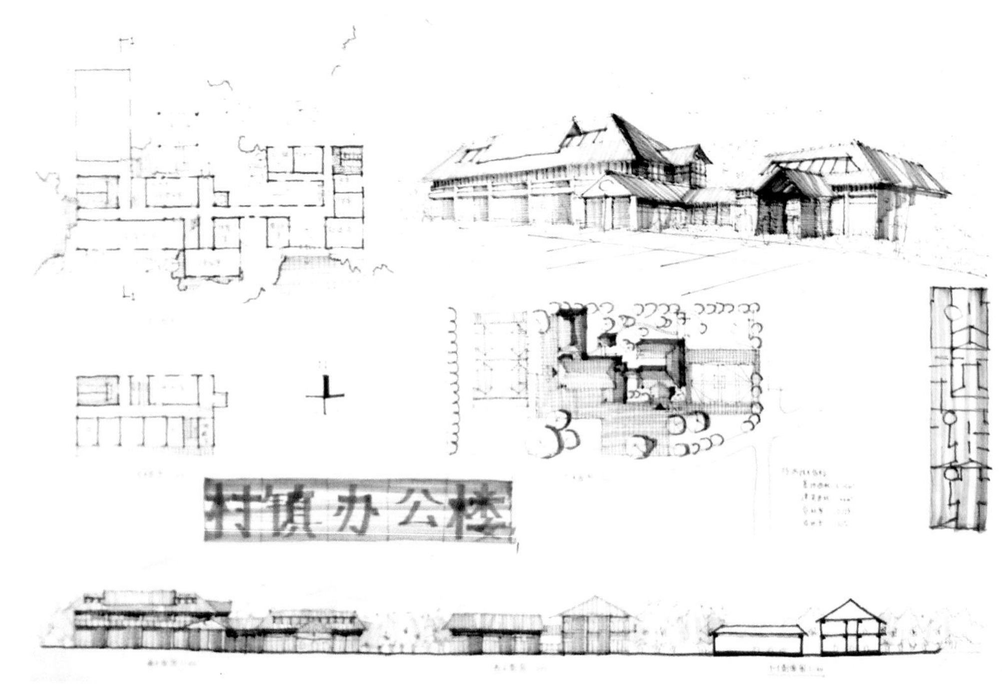

• 10-10-3 李纪辉 建学 08

10-10-4 解析与评语：

该快题练习作品的版面清新淡雅，构图紧凑度适中。平面功能分区合理，入口处应有“门厅”二字，楼梯梯段尺寸偏小，二至四层的楼梯画法有些仓促，且二、四层的房间门漏画。

总平面的场地关系布局较为协调，应将所设计的单体建筑区别化的标出，停车空间应有明确表达。立面效果较好，形成明确横竖对比与虚实对比。剖面标高没有标注完全。透视图表达效果良好，具有一定参考价值。

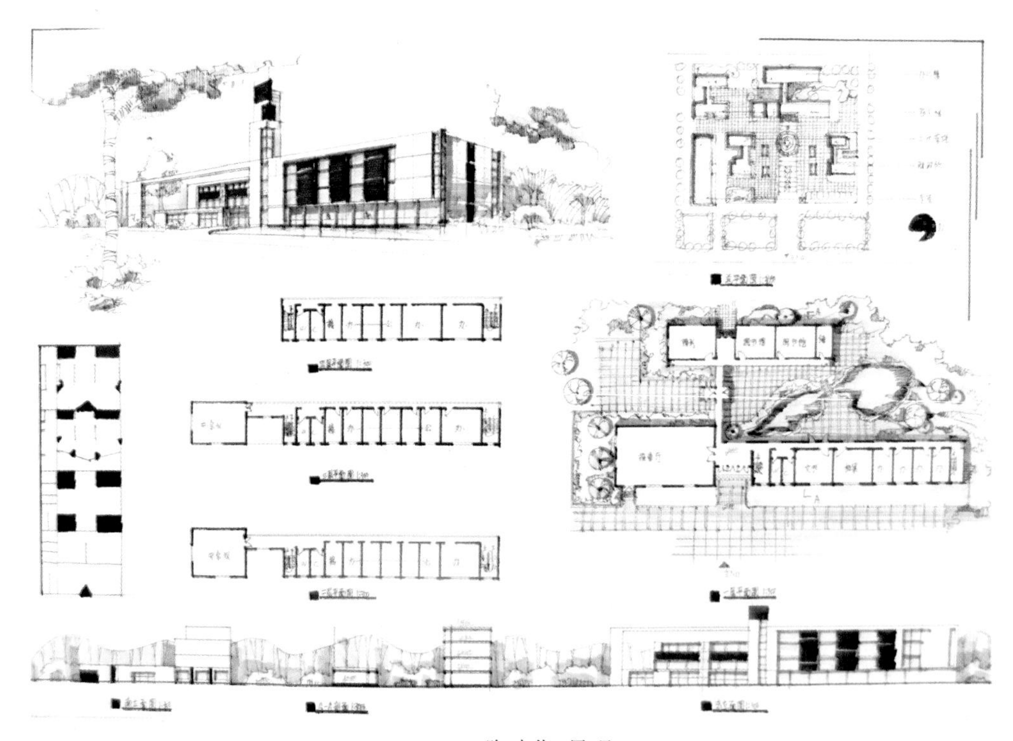

• 10-10-4 陶建华 景观 07

10.11 售楼处（销售中心）

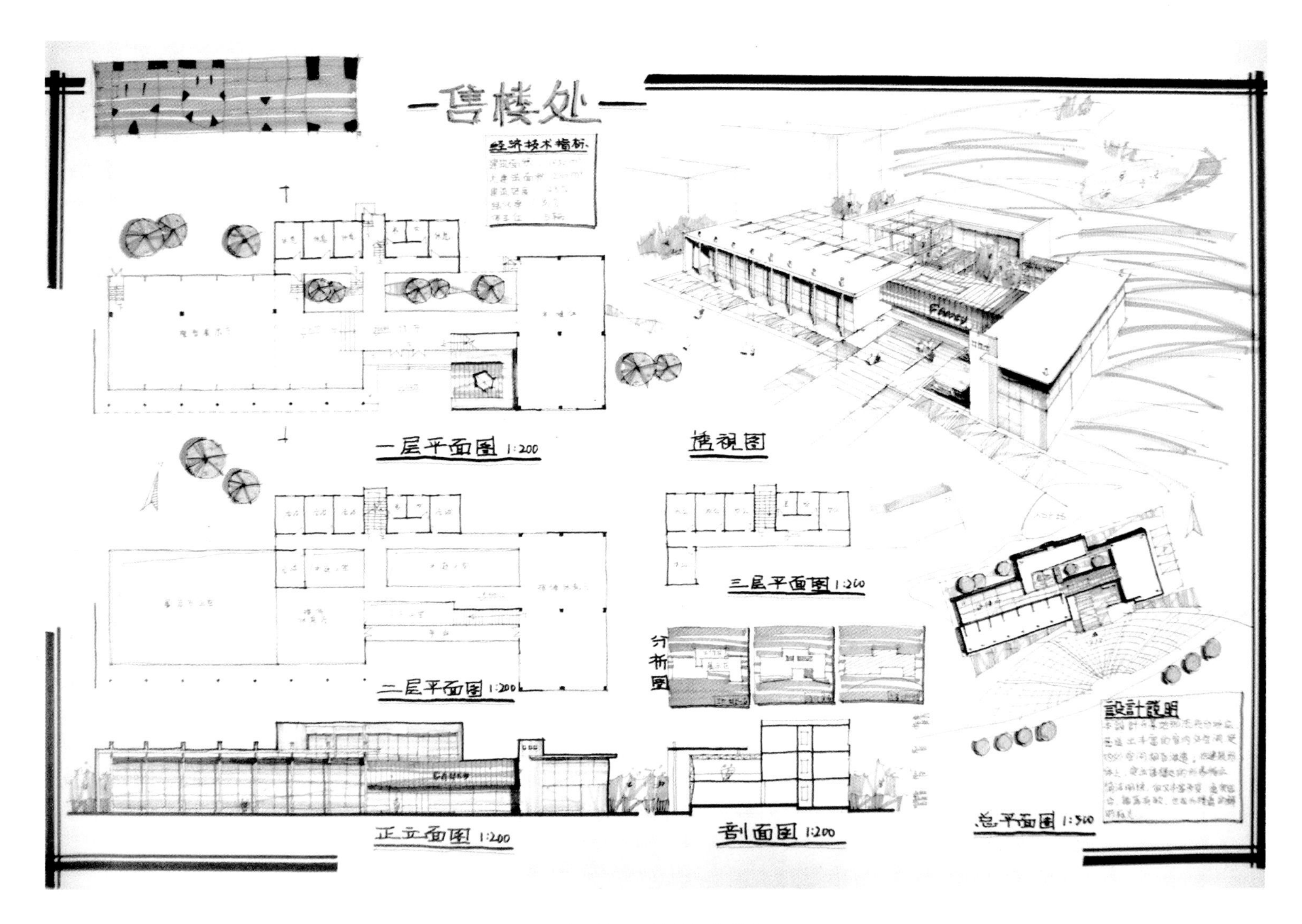

• 10-11-1 费日晓 建学 07

10-11-1 解析与评语：

该快题练习题目为 2007 年青岛理工大学建筑学院硕士研究生入学考试的考研真题。该作品版面均匀饱满，构图良好。平面功能板块通过设置内院自然分区，柱网布局尚有部分需要修正，例如多媒体房间内部不应在当中设置柱子。

总平面布局符合任务书的具体要求。立面的光影效果表达较好，且注意到了区分地面线、外轮廓线。剖面表达较为准确。透视图采用鸟瞰式，展示内容较多，且表达尚佳，形体穿插、光影营造、构架设置、色调对比等多方面均有不错表现。

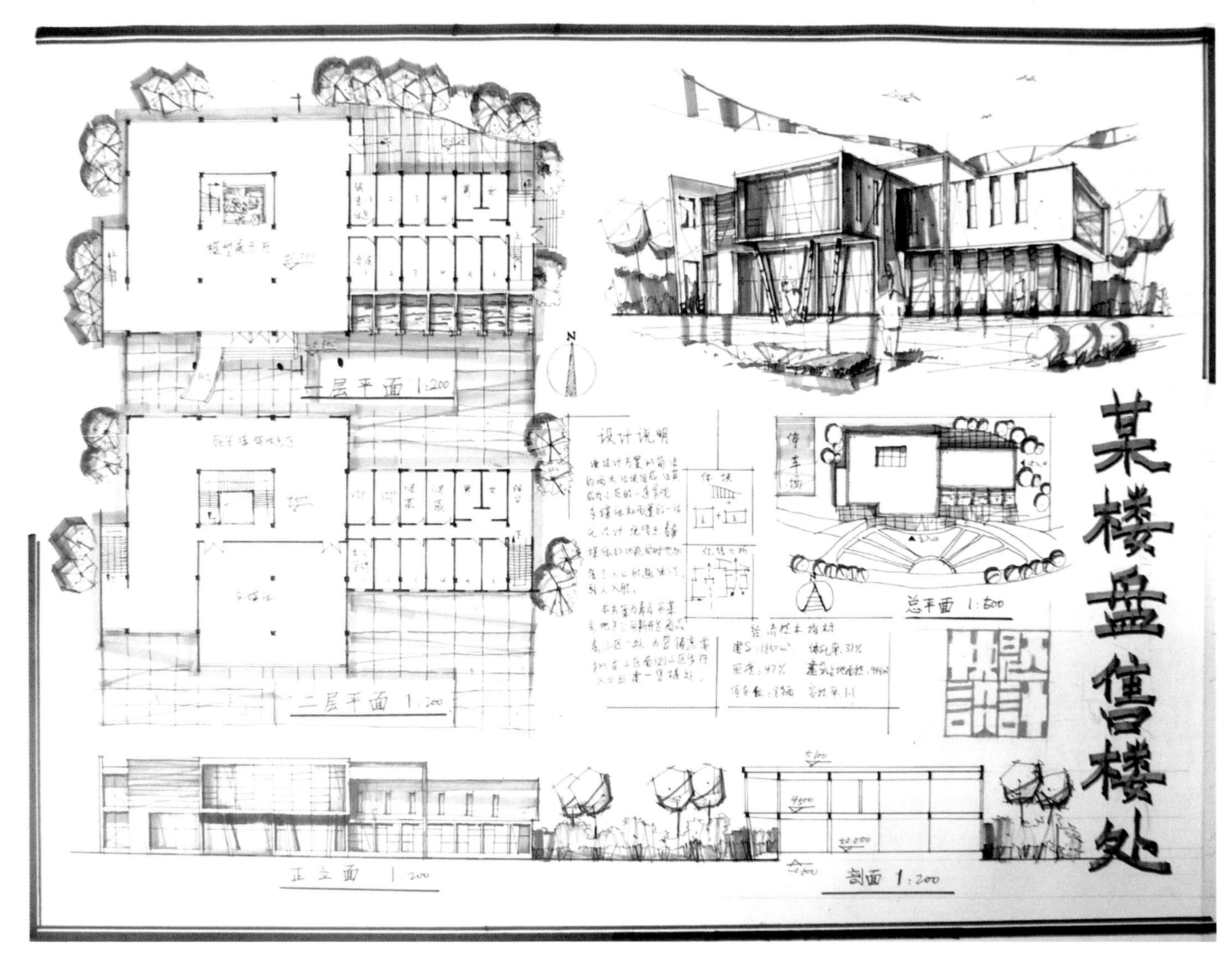

• 10-11-2 沈冠龙 建学 08

10-11-2 解析与评语：

该快题练习作品提供了一种鲜明的快题表达风格，版面整体统一前提下的局部提亮有画龙点睛之效。平面功能分区布局合理，主入口处的坡道方位应调整（对横向交通有影响），门厅里应设置服务咨询台，柱网布局合理，但二层平面的多媒体厅内部当中不应有柱子，东西两侧的楼梯画法有细部错误。

总平面布局符合任务书的具体要求。立面与剖面表达准确，但立面名称应以方位命名而非“正侧”。透视图的造型表达简洁明快，一层的局部架空与柱撑设置、片墙的穿插与红色构架的醒目运用，以及简约有效的配景树表达等方面都提供了一种示范与参考。

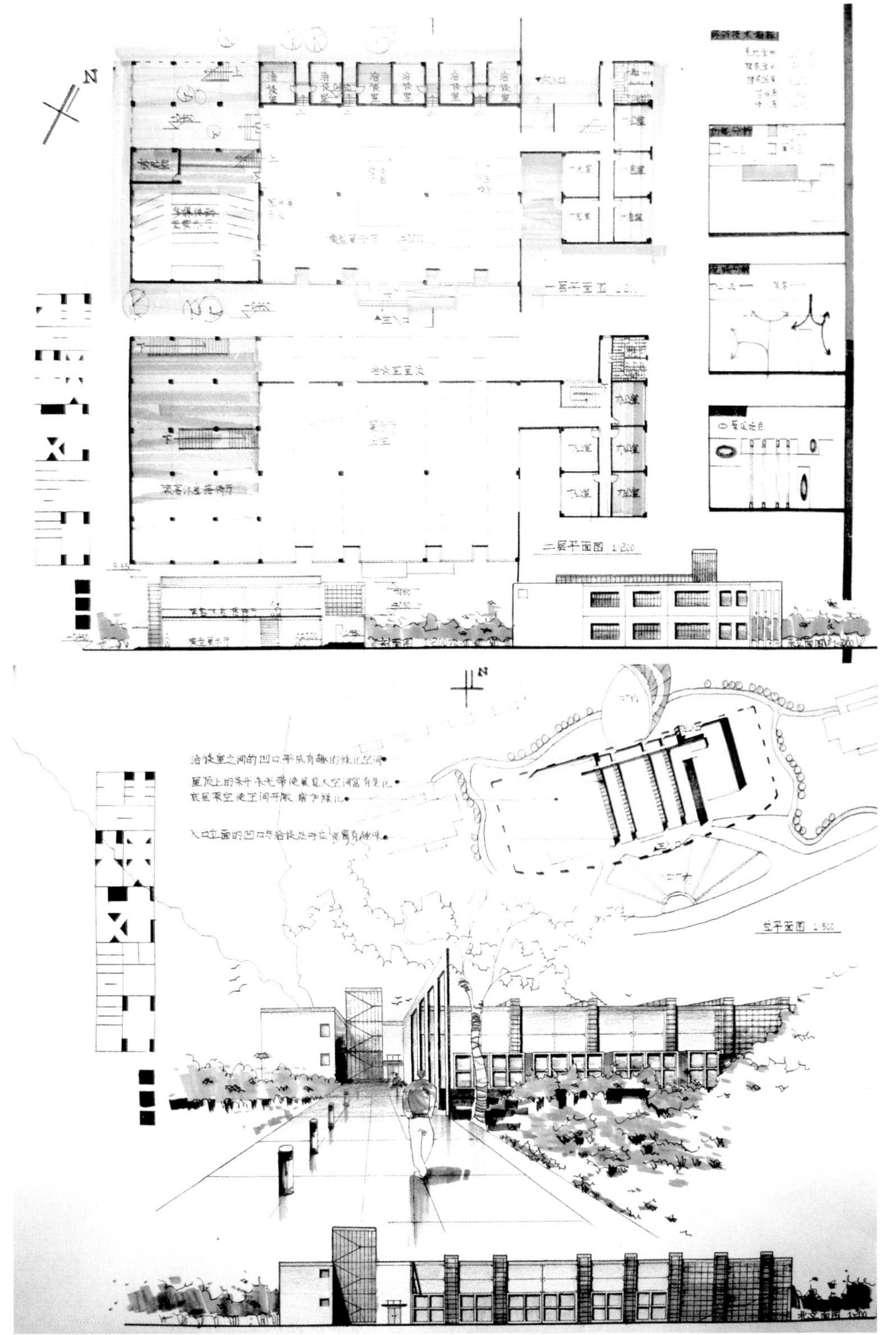

10-11-3 解析与评语：

该作品提供了一种以尺规作图为主的表达示范效果，整体版面严谨和谐。平面功能分区基本合理，门厅入口处应有服务台的表达，洽谈室位置没必要设置高差，左侧的两部楼梯间距偏近。

总平面的建筑形体表达明确，但没有布置停车区间。立面效果尚可，加些少许暖色为宜。剖面绘制基本准确，但顶部没有设置女儿墙。透视图采用一点透视，所取视点角度较好，材质虚实对比、体块横竖对比、色调冷暖对比等方面均有所体现。

• 10-11-3 杜婷 建学 08

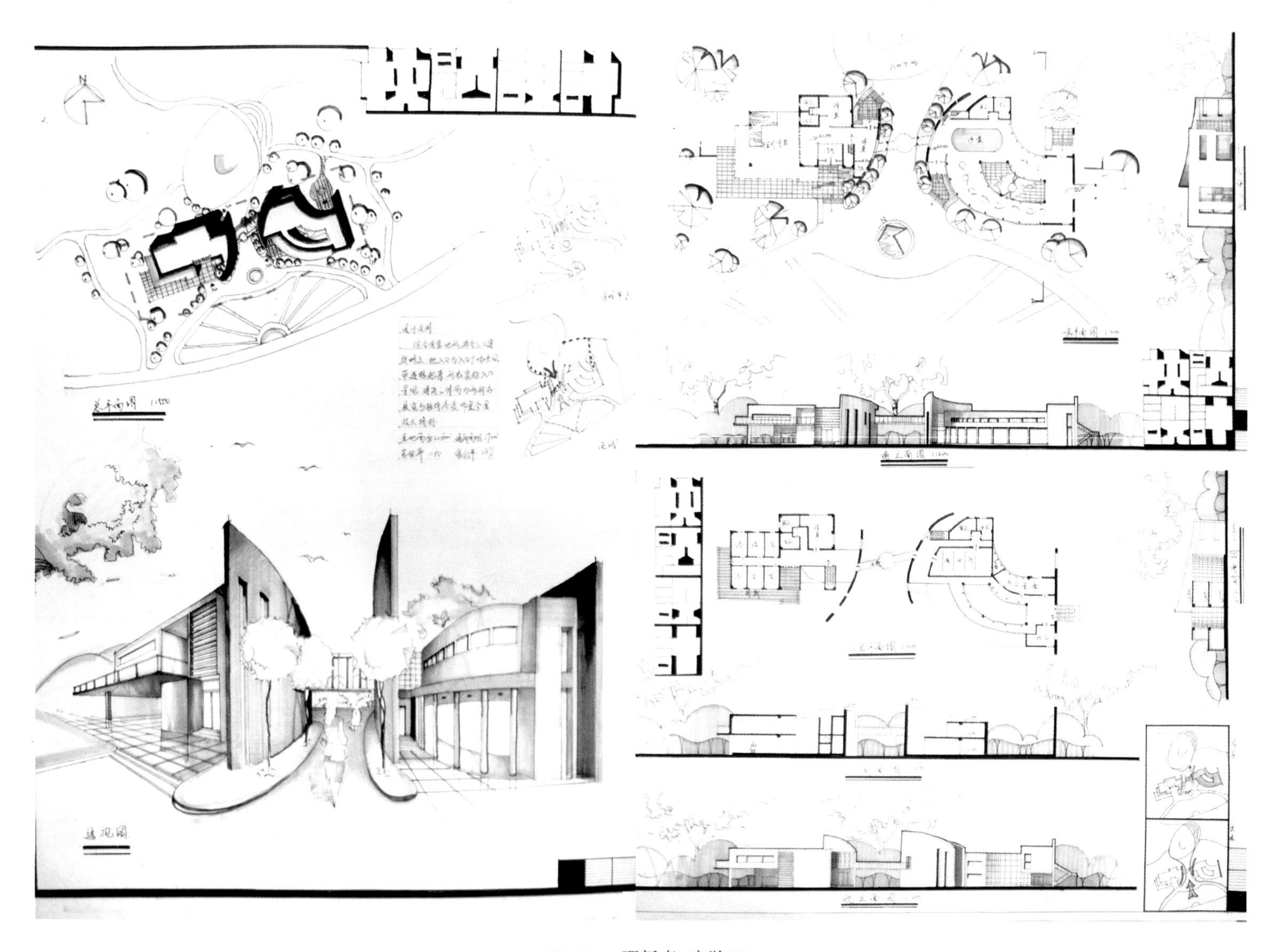

• 10-11-4 邢新卓 建学 08

10-11-4 解析与评语：

该作品对版面构图的驾驭控制力较好，色调选取适当。平面功能分区形成左右两个明显的功能体块，但顾客在入口处会面临向左走还是向右走的疑虑，设计环节应考虑并设法解决此问题。二层平面的演示厅若能靠外墙布置而形成天然采光和通风为宜。

建筑总图布局关系良好，表达明确，停车区间应有所示意。立面形体表达较为丰富，剖面构造关系基本准确。透视图造型以曲线作为造型母题，运用手法较为娴熟，对使用曲线造型时有一定借鉴价值。

10.12 体育类建筑

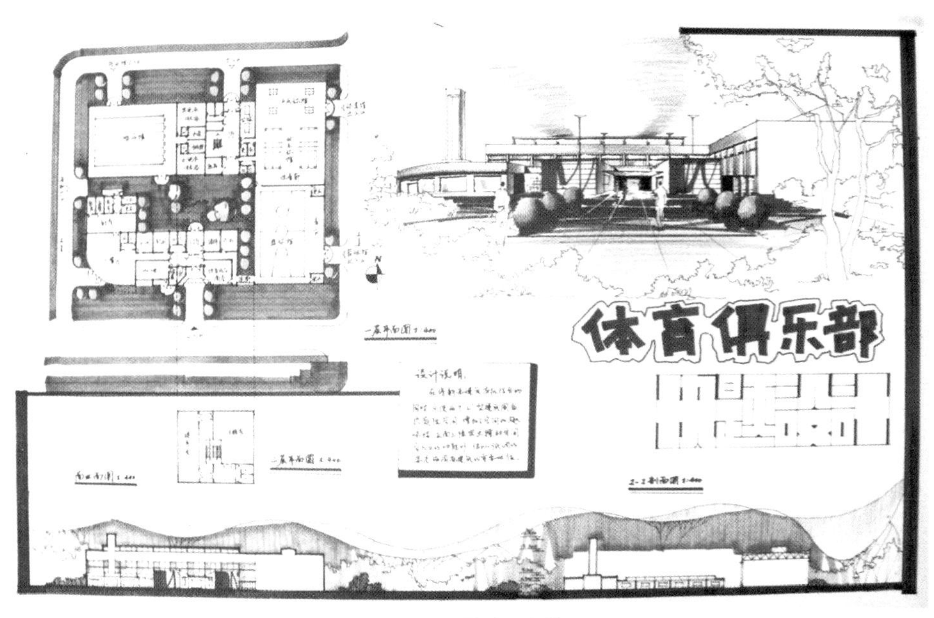

• 10-12-1 马骏 建学 06

10-12-1 解析与评语：

该快题练习作品版面构图良好，色调运用的整体感明确。在平面功能分区方面一个明显问题就是左下角的扩建板块与“T”字形的改建板块的连接通过连廊相接且需穿越篮球馆，此做法不当（对篮球馆的干扰大）。另外，大餐厅为暗卫生间不妥，游泳馆与内部空间应设置走道相连。

没有绘制总平面图，不应缺图（考试时即使仓促地完成也比缺图没有强）。立面表达效果尚可，但应明确光影表达为宜。剖面表达除了把剖到部分表达完善之外，若将所看到的后部立面细部适当表达则更佳。透视图采用一点透视方式，造型效果较好，虚实、直曲、高低等方面均有所考虑。

• 10-12-2 牟健 城规 06

10-12-2 解析与评语：

该快题作品构图均匀饱满，色调鲜明，使用彩铅作为色彩表达方式，层次分明。平面的形体关系丰富，功能分区较为明确。房间或区域空间的名称应标注完全，二层平面的标高有误，会议室为暗房间不妥。

总平面布局与周边环境关系良好，尤其考虑到与西侧岸线走势相呼应。立面与剖面的表达尚可。透视图的造型较为丰富，竖向建筑小品起到醒目地标志性作用，建筑顶部的曲线檐板为该建筑造型增添了些许张力。

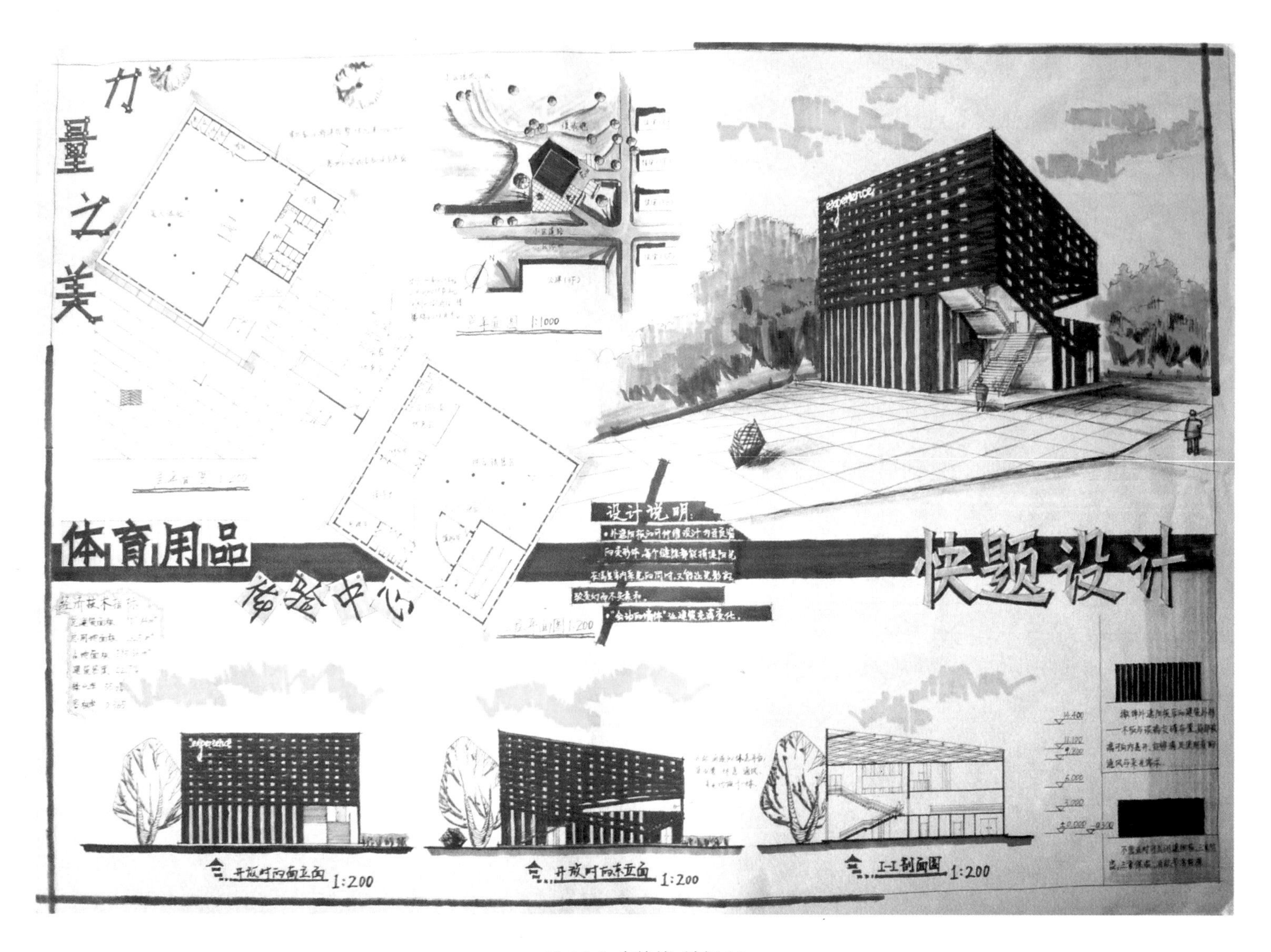

• 10-12-3 宋培培 城规 06

10-12-3 解析与评语：

该快题练习作品的色调统一和谐，版面匀称。平面功能分区尚可，该生已在平面图里强调通过散水将建筑地面整体抬高 300mm，但仍需设置踏步，卫生间的尺寸有误，如女厕两边蹲位因外开门设置而使中间走道过窄，另外柱网的安排有一定的结构问题。

总平面的建筑体块布局适当，但主要出入口设置与十字路口过近不妥。立面的表达效果尚可，剖面表达存在少许瑕疵，如没有梁看线的绘制。透视图的造型表达具有一定冲击力，但建筑右部侧立面的灭点表达有些走形，另外一个较为明显的问题就是建筑体量表达上过大（尤其通过地面人物的参照可见）。

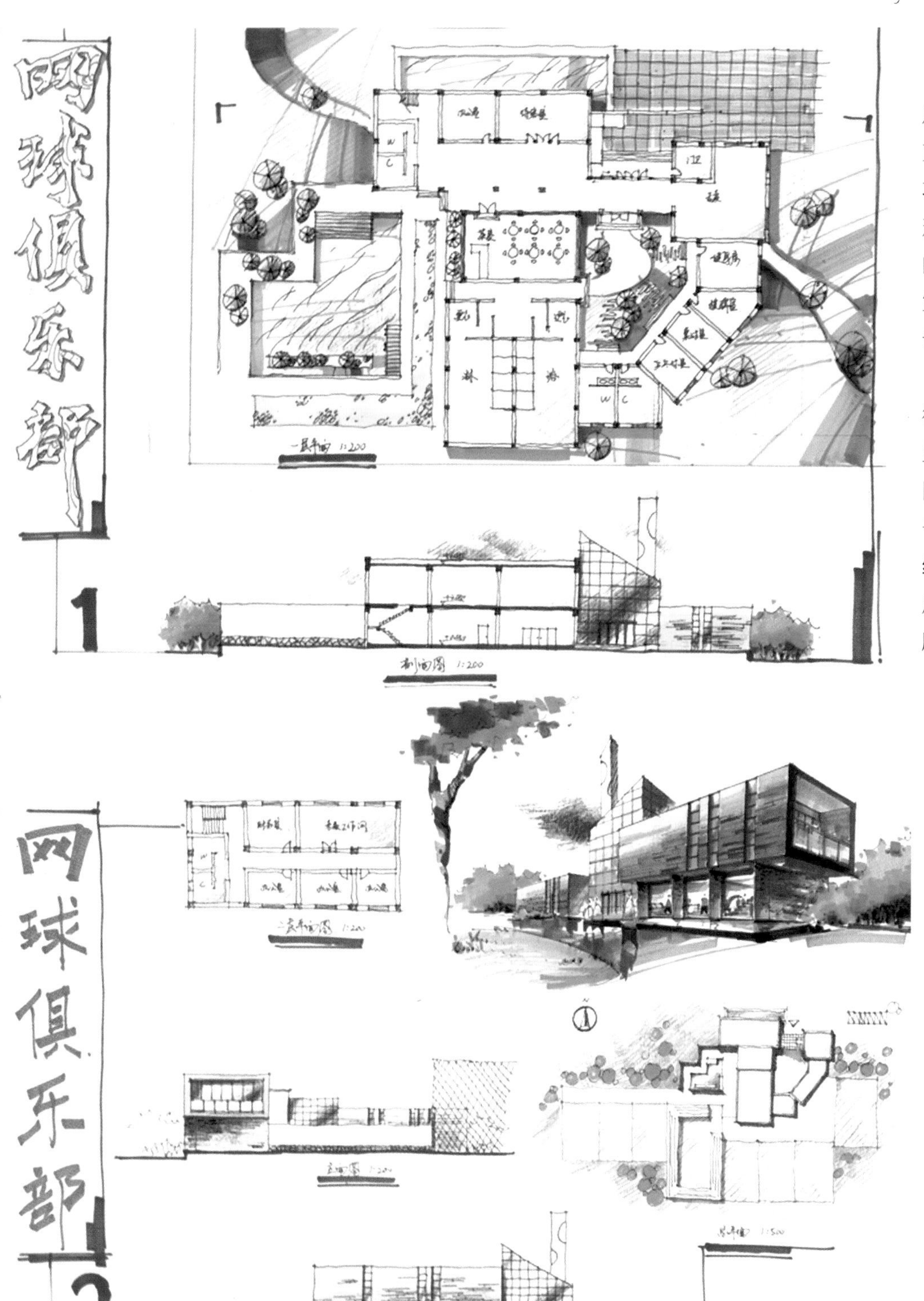

10-12-4 解析与评语：

该快题练习作品的版面布局尚佳，色调搭配效果较好，马克笔的色彩表达运用娴熟。平面功能分区基本合理，内院式布局形成对内的良好景观，一层楼梯间的闲置空间部分可兼作储藏室，结构柱网布置方面可进一步调整，使其更趋合理化。

总平面应表达完善，例如路径和内院布置等。立面的表达稍显弱化，可适当增添内容，剖面图的楼梯平台楼板也应加粗（属于剖到的部分），另外缺少梁看线。透视图的形体造型较为丰富，虚实对比强烈，材质表达尤为细腻，但建筑阴影可进一步表达。

• 10-12-4 于家兴 建学 06

10.13 旅馆类建筑

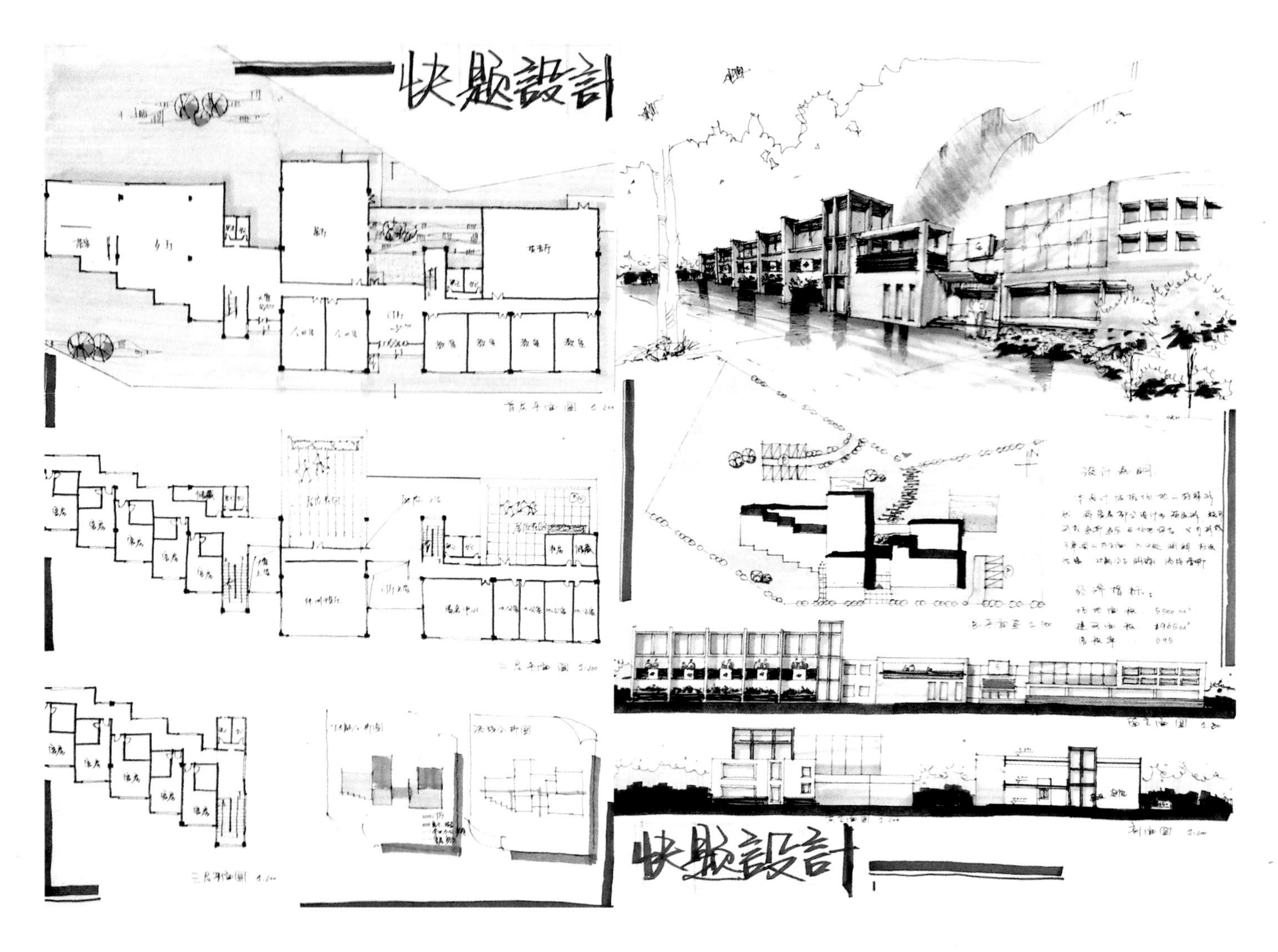

• 10-13-1 张慧娟 建学 07

10-13-1 解析与评语：

该快题练习作品版面构图均匀饱满。一层平面门厅两侧的会议室和教室两者的位置宜调整（所受干扰较大），餐厅没有设置配套厨房，二层部分的客房区与办公区应连通，客房在两两之间应设置检修井。

总平面能结合周边环境进行建筑布局，主入口处宜留出充分缓冲退让空地，且留有一定停车位，西北角和东南角所设置的两处停车位应考虑与建筑的联系。立面图与剖面图绘制效果尚可，剖面图在最高点处应有标高。透视图的形体、色彩与明暗关系较好。

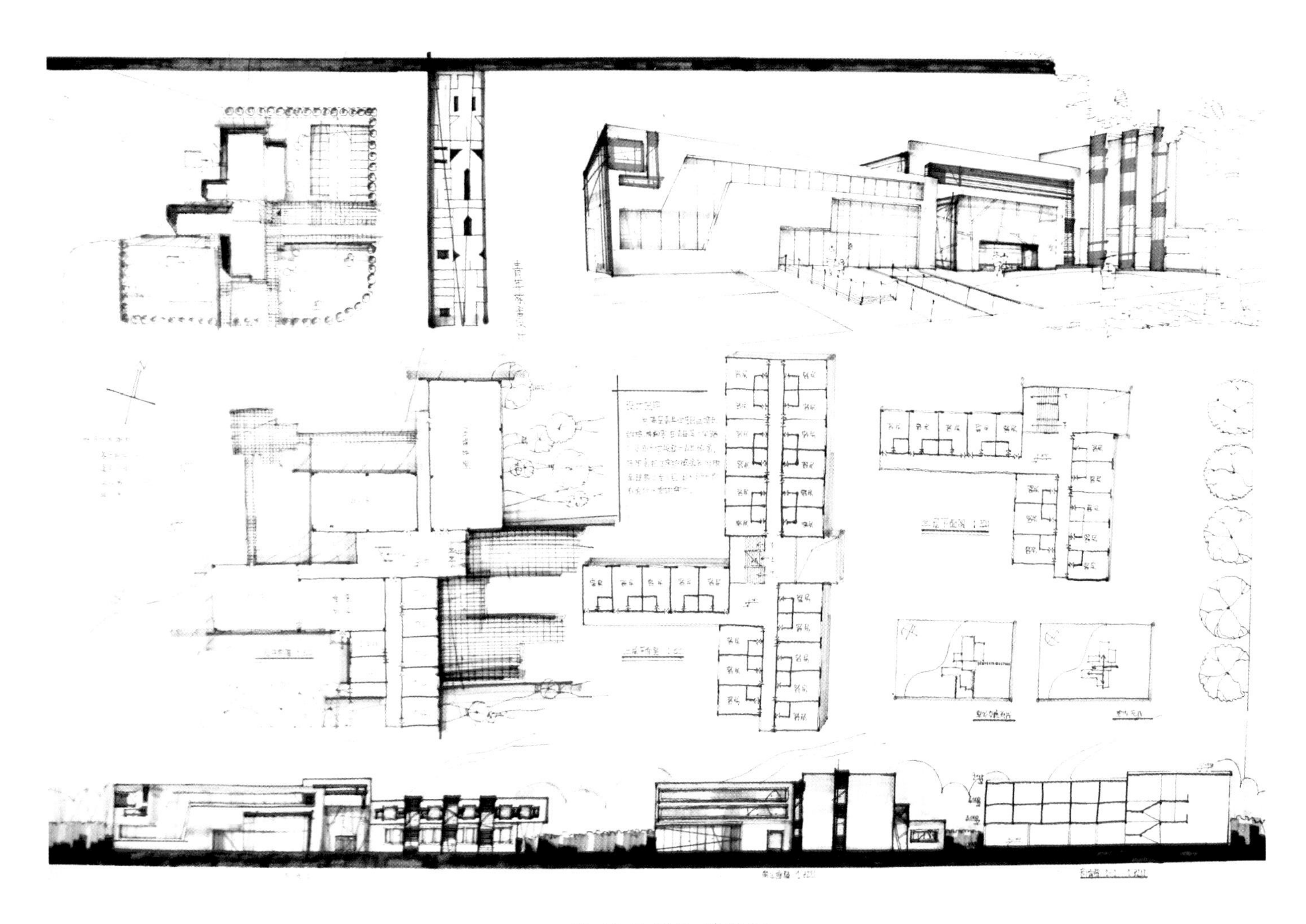

• 10-13-2 凌云 建学 08

10-13-2 解析与评语：

该快题练习作品图面整体效果较为饱满。一层门厅入口处应设置服务台，多媒体室的长宽比有些大（应考虑视距等因素），二、三层客房区应有一处服务区，另外两客房卫生间之间应绘出检修井。

总平面图的绘制较为完善，遗憾的是漏写名称与比例。立面图绘制效果尚可，剖面图中应将梁看线等绘制完全。透视图的设计有一定特色，色调主次鲜明，宜将光影表达完善，另地面处的水池边界透视应绘制准确。

10-13-3 解析与评语：

该快题练习作品的版面构图均匀饱满。平面功能分区合理，竖向交通空间设置符合防火规范要求，二层平面的屋顶平台应考虑高差的设计，三人间可保持其中两间的卫生间处于相对相连的方式。

总平面的内容元素绘制表达完善。立面图的绘制表达效果良好。剖面图的构造关系表达准确，但遗漏标注标高，另外其中的配景人尺度稍大。透视图的表达效果较好，细部设计到位，有一定参考性，色彩运用较为娴熟与洒脱。

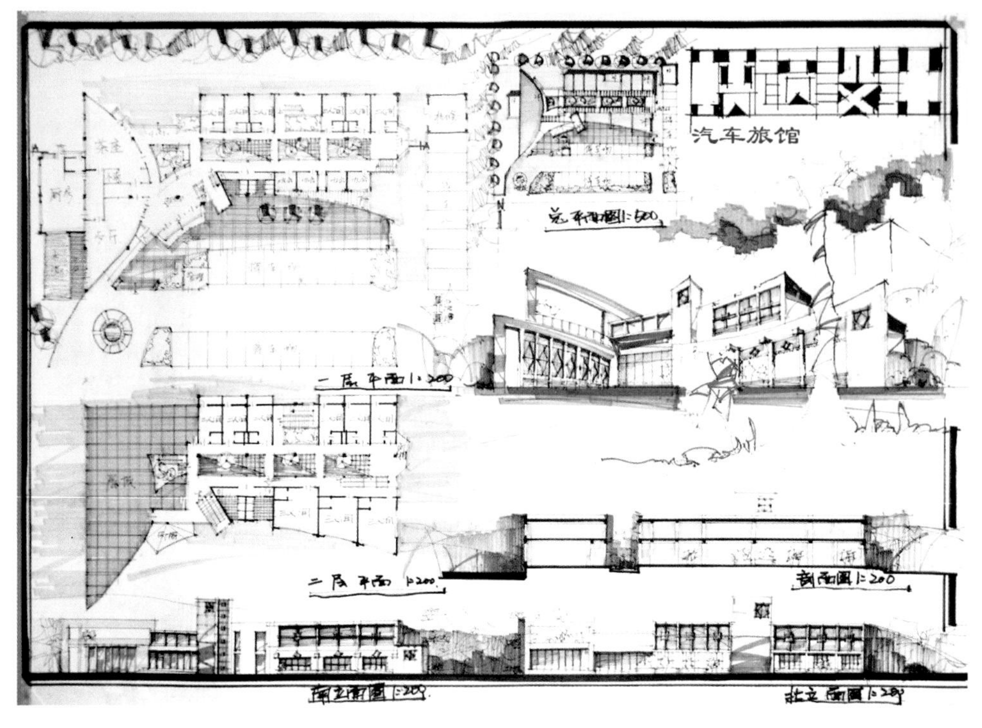

• 10-13-3 黄晓慧 建学 05

10-13-4 解析与评语：

该作品以尺规制图为主要表达方式，构图饱满。平面功能板块分区合理，入口处的传达室应朝门厅开窗（具有监控性），两套间卫生间之间应有检修井，一层东南角处的电梯旁的两阶踏步宜改为坡道，二层平面的餐厅与厨房面积比过大。

总平面的建筑布局与周边环境结合较好，停车位前的道路应明确表达。两个立面图的绘制效果尚可，剖面图没有表达梁看线和标注标高。透视图采用经典的“U”字形布局式的一点透视，体块穿插关系鲜明，配景控制适中，但色调尚应进一步调整完善。

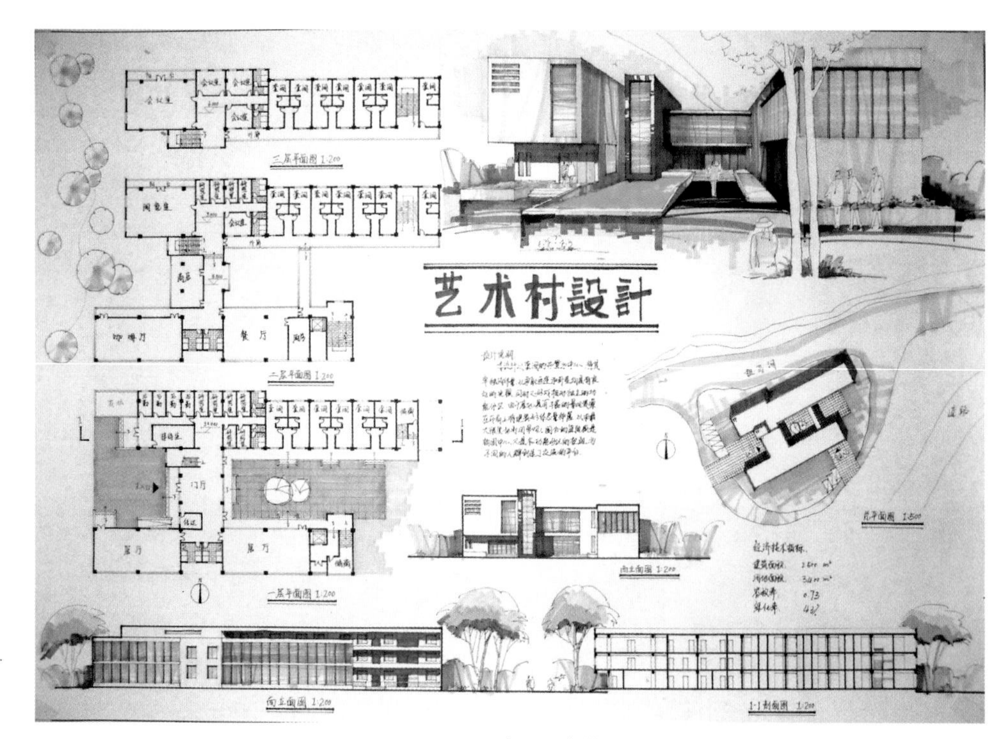

• 10-13-4 朱斌 建学 06

10.14 文脉类建筑

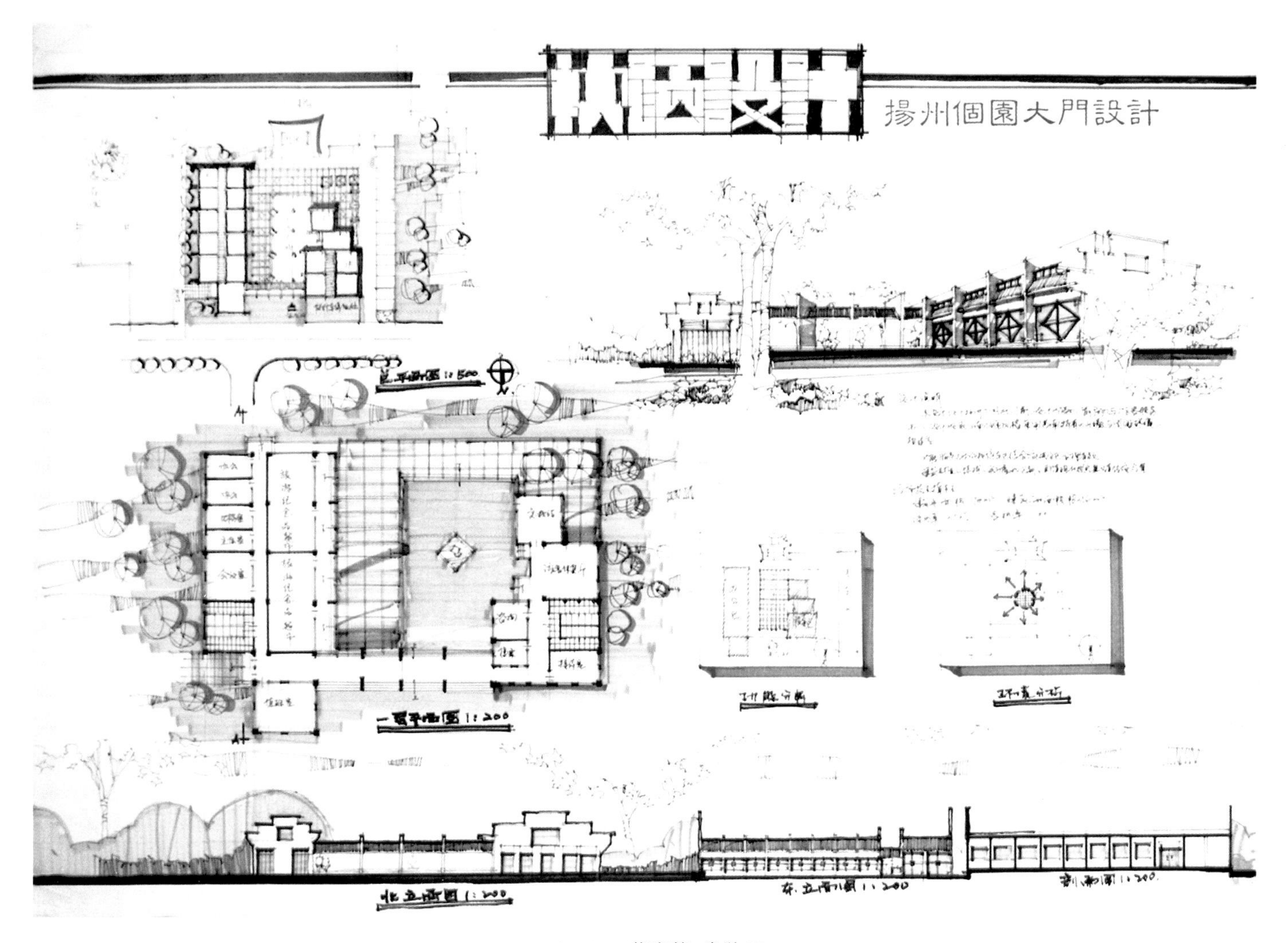

• 10-14-1 黄晓慧 建学 05

10-14-1 解析与评语：

该快题练习作品版面构图效果较好。平面功能分区合理，主入口台阶踏步处应辅助设置无障碍坡道，指北针一般应位于上部（故宜将平面旋转 180°），右侧男卫生间的小便斗间距过大，有些浪费。

总平面的布局能结合扬州个园此处大门的方位与院落场地空间进行合理组织。立面图绘制的效果尚可，剖面图缺乏应有的梁看线以及标注标高。透视图的造型选取恰当，符合题意对文脉的考查，中式元素表达简洁到位，值得参考与学习。

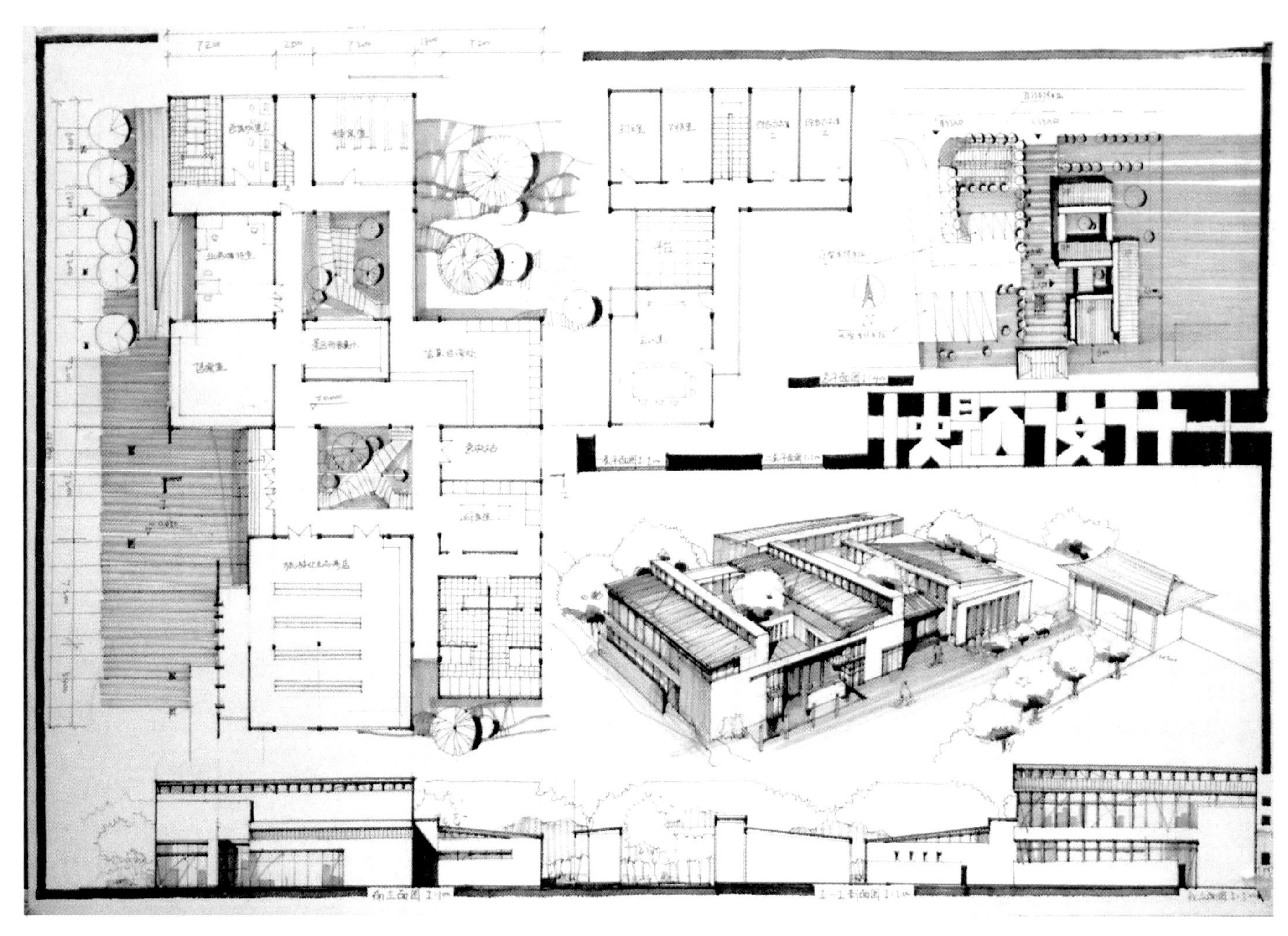

• 10-14-2 吕超豪 建学 06

10-14-2 解析与评语：

同样作为东南大学建筑学院硕士研究生入学考试题目之一的扬州个园某服务中心快题设计作品，本案在图面整体性与饱满度等方面都提供了一种优秀示范。平面功能分区合理，交通流线组织流畅，一层主入口处宜设置无障碍设施，二层室外平台与走廊之间宜设置高差。

总平面图的建筑形体关系清晰，环境表达深度到位，考虑到自行车停车位、小型车和大型车停车位。立面图与剖面图的表达效果尚可，剖面图遗漏标高。透视图采取鸟瞰式，将建筑形体进行较为充分地展示，表现手法较为精湛，造型、色彩与笔触等方面均有可学习之处。

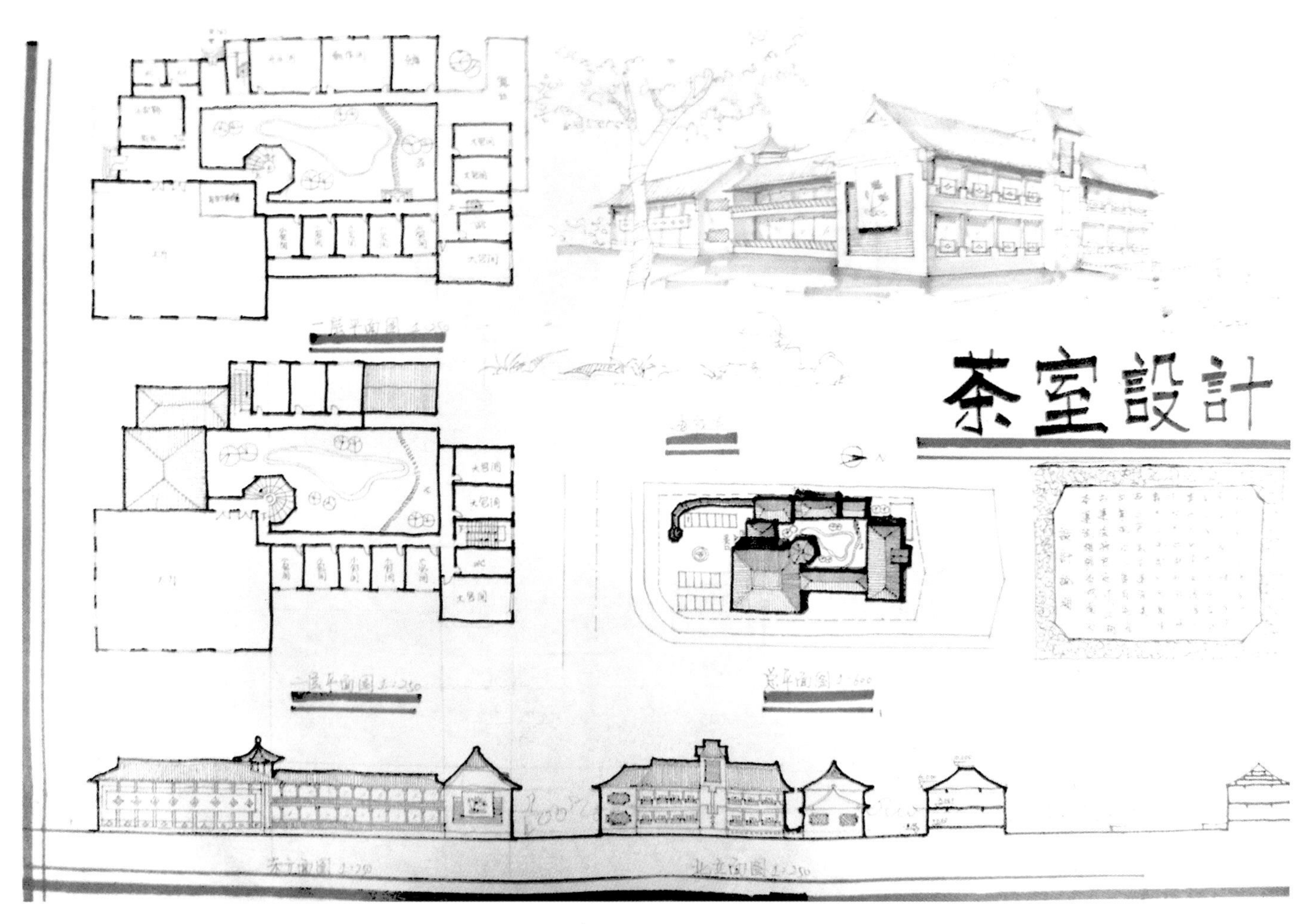

• 10-14-3 周雯青 建学 07

10-14-3 解析与评语：

该快题练习作品从版面上来看更多地是从“形似”上来表达文脉主题。平面功能分区大体合理，入口处大厅的两个门间距过近，次入口与主入口间距再拉开些为宜，卫生间应画出男女分厕，二层平面的餐饮部分应充分考虑食物流线的设置。

总平面的场地设计部分深度不够，用地红线内部路径应予以清晰表达，停车位部分的尺寸有些误差。立面图与剖面图的表达尚可，立面图有阴影表达为宜。透视图采用典型的仿古风格造型，表达较为准确与到位，但在快题考试中，该方向类型的时间成本较高，故一般采用较少。

10-14-4 解析与评语：

该快题练习作品采用竖向构图，排版疏密有致。平面功能分区基本合理，主入口处漏画内外高差的平台、踏步及坡道，馆长室为暗房间不妥，卫生间的洁具尺寸绘制有误，柱网布置较为合理。

总平面图的布置当中应予以考虑设置停车区间。立面图的绘制效果较佳，线条的横竖对比与疏密对比均有所展现，且表达元素较为丰富。剖面图的示意逻辑关系清晰，应在室外地面与房屋最高点加以标高，以及绘制梁看线。透视图所示造型视觉效果强烈，徒手墨线线条功底较为扎实。

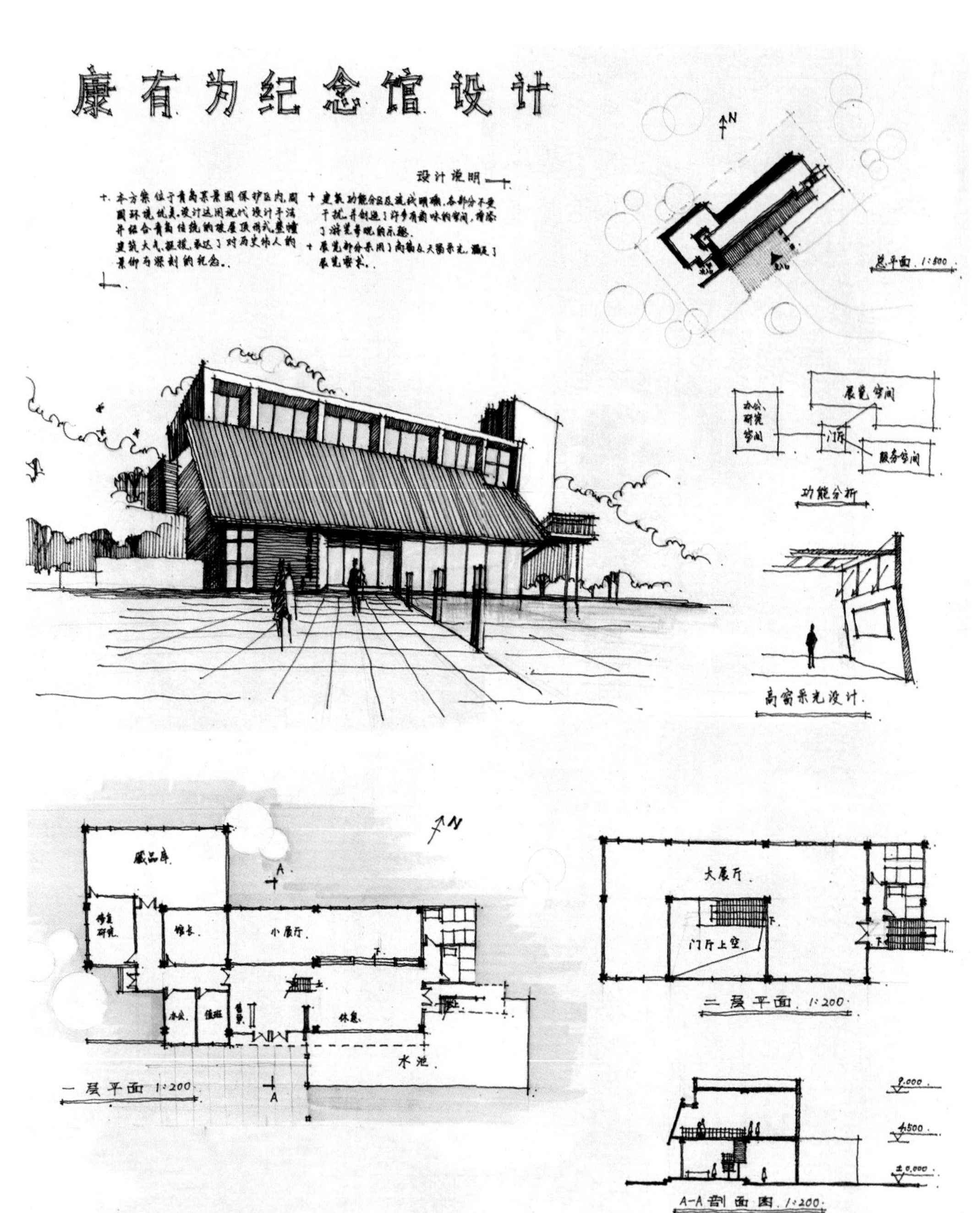

• 10-14-4 田玉龙 建学 06

10.15 建筑师沙龙（工作室）

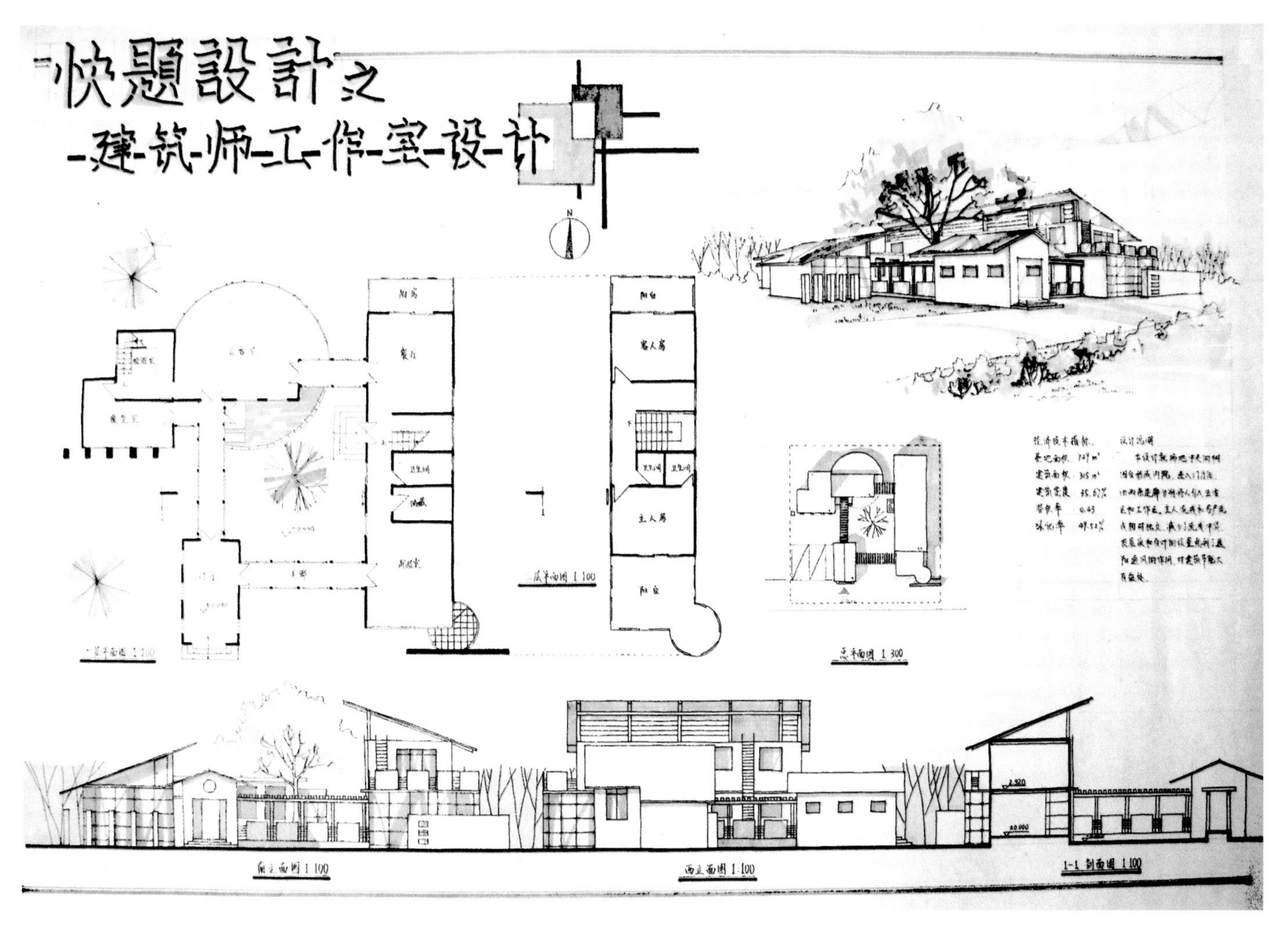

• 10-15-1 史凌微 建学 07

10-15-1 解析与评语：

该快题练习作品为尺规作图式，整幅图面绘制严谨，版面整洁。平面功能分区大体合理，门厅与其他功能板块的路径流线稍长，绘图室位于楼梯下不妥，干扰较大，二层平面当中的卫生间若能做成明卫则更佳。

总平面图上应绘制指北针，与门厅相连的两处外廊没有表示阴影，停车位尺寸有误。立面图的绘制效果尚可，剖面图的屋顶构造应进一步推敲，使其更趋合理化并标注顶部标高。透视图绘制较为准确，宜加上若干配景人，色调运用清新明快。

10-15-2 解析与评语：

该快题作品采用竖向构图版式，图面布局良好。一层平面的功能流线基本合理，佣人用房的面积稍大，在寻求墙体变化组合的同时，尚应兼顾到非直角房间的家具、设备等配件的安放便利性，二层平面对应在一层平面的哪个具体部位，应有所示意。

总平面图的建筑形体具有一定逻辑关系，在富于求变的前提下依然有章可循，故能形成较好的图底关系。立面图所示建筑形象展示出较强视觉张力，剖面图没有室内外高差，楼梯绘制存在细部错误，漏注标高。透视图采用仰视效果，表达的重点到位，排线中能表达一定层次关系。

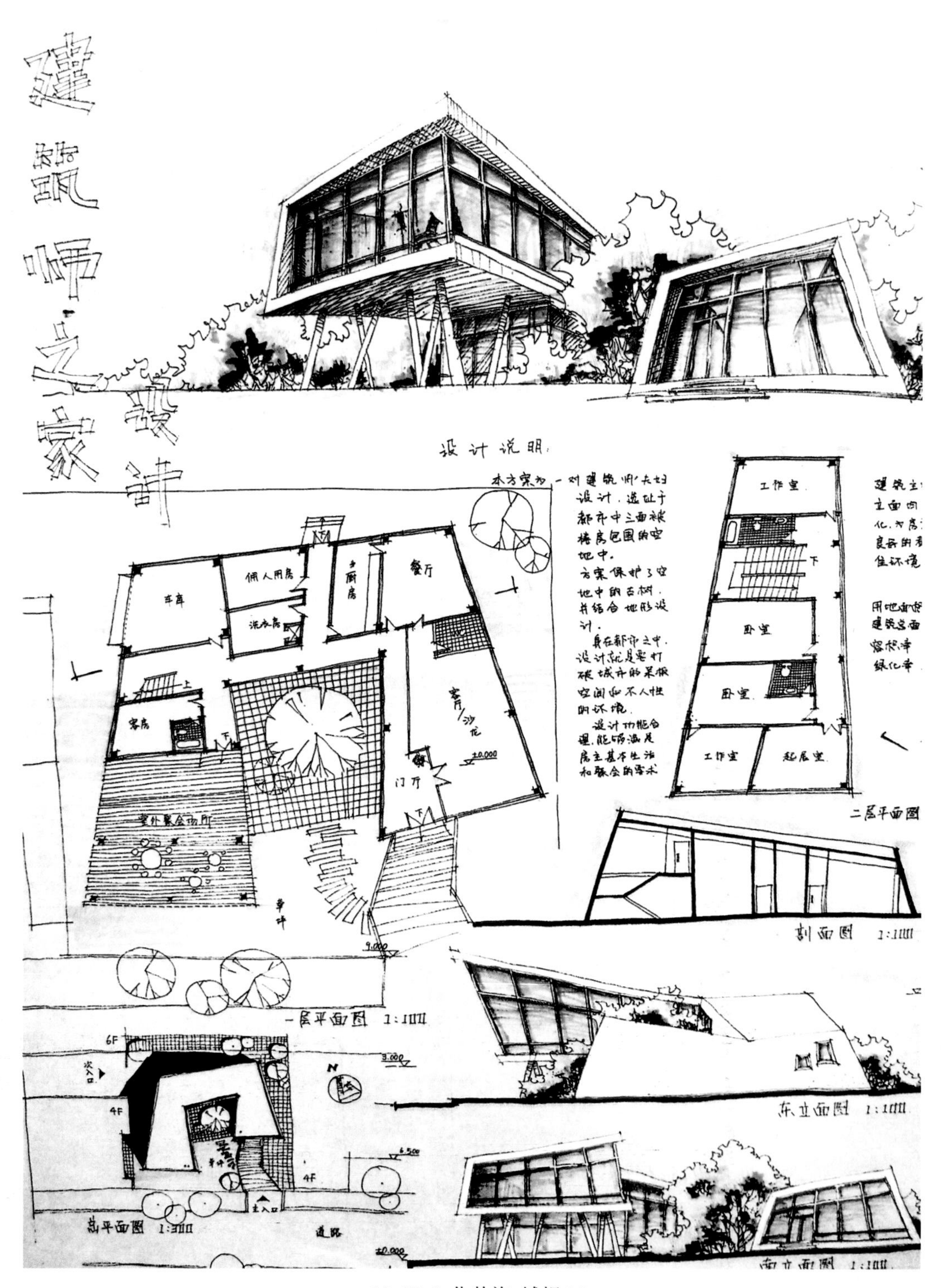

• 10-15-2 化帅旗 城规 06

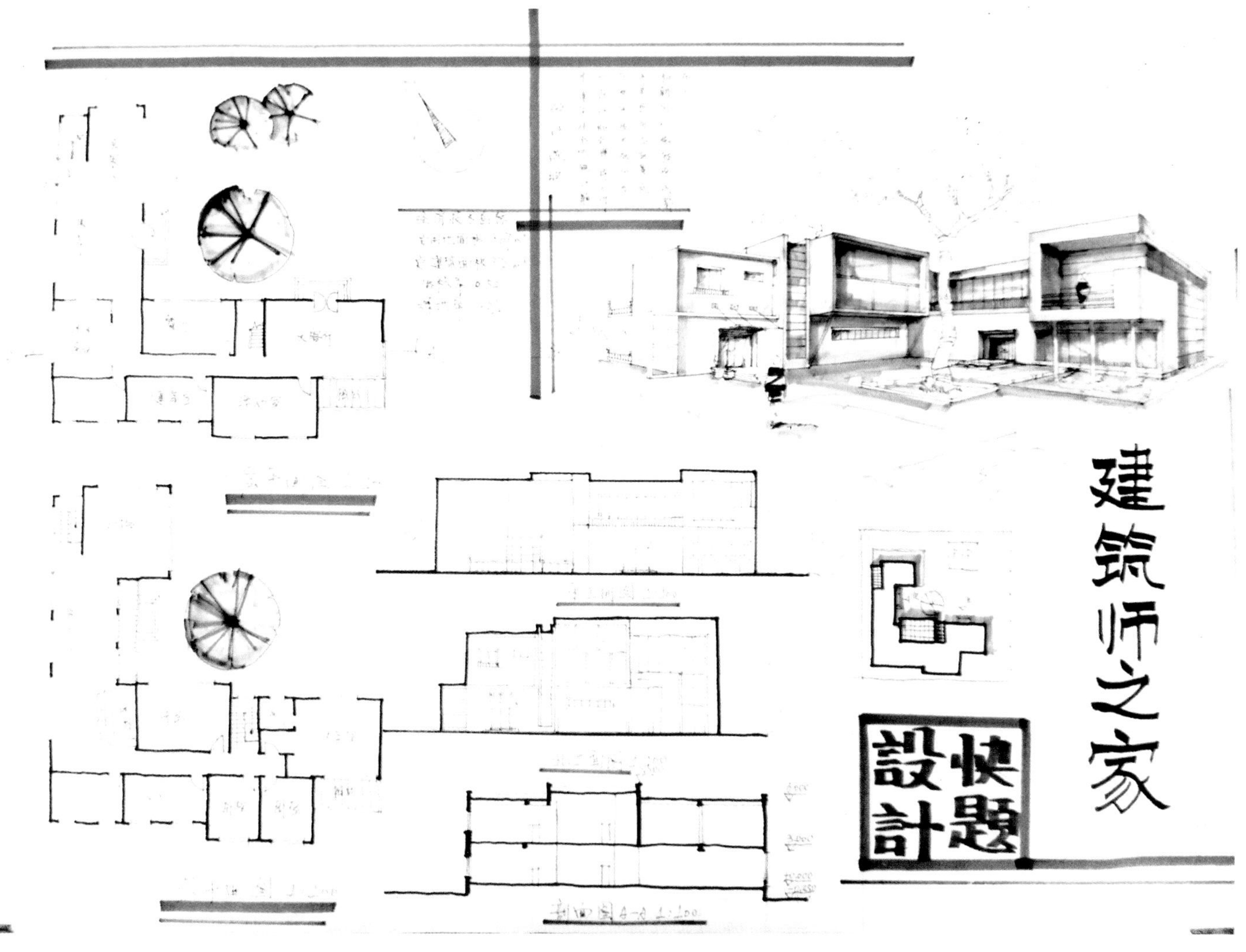

• 10-15-3 周雯青 建学 07

10-15-3 解析与评语：

该快题练习作品整体印象规范严谨，版面匀称。“L”形的平面布局将古树环绕，一层平面的卫生间朝南布置牺牲了部分南向采光，且遗漏绘制厨房，二层平面的书房宜与工作室在一起布置，主卧室的卫生间正对一层的客厅，其管道问题在设计中是应予以考虑的。

总平面图漏写图名与比例，没有设计与周边原有道路相连的基地内道路，另阴影色应用深灰加重。立面图缺乏通过阴影展示的进深层次表达，剖面图表达效果尚可。透视图的设计造型较为丰富，明暗投影关系清晰，色调简洁明快。

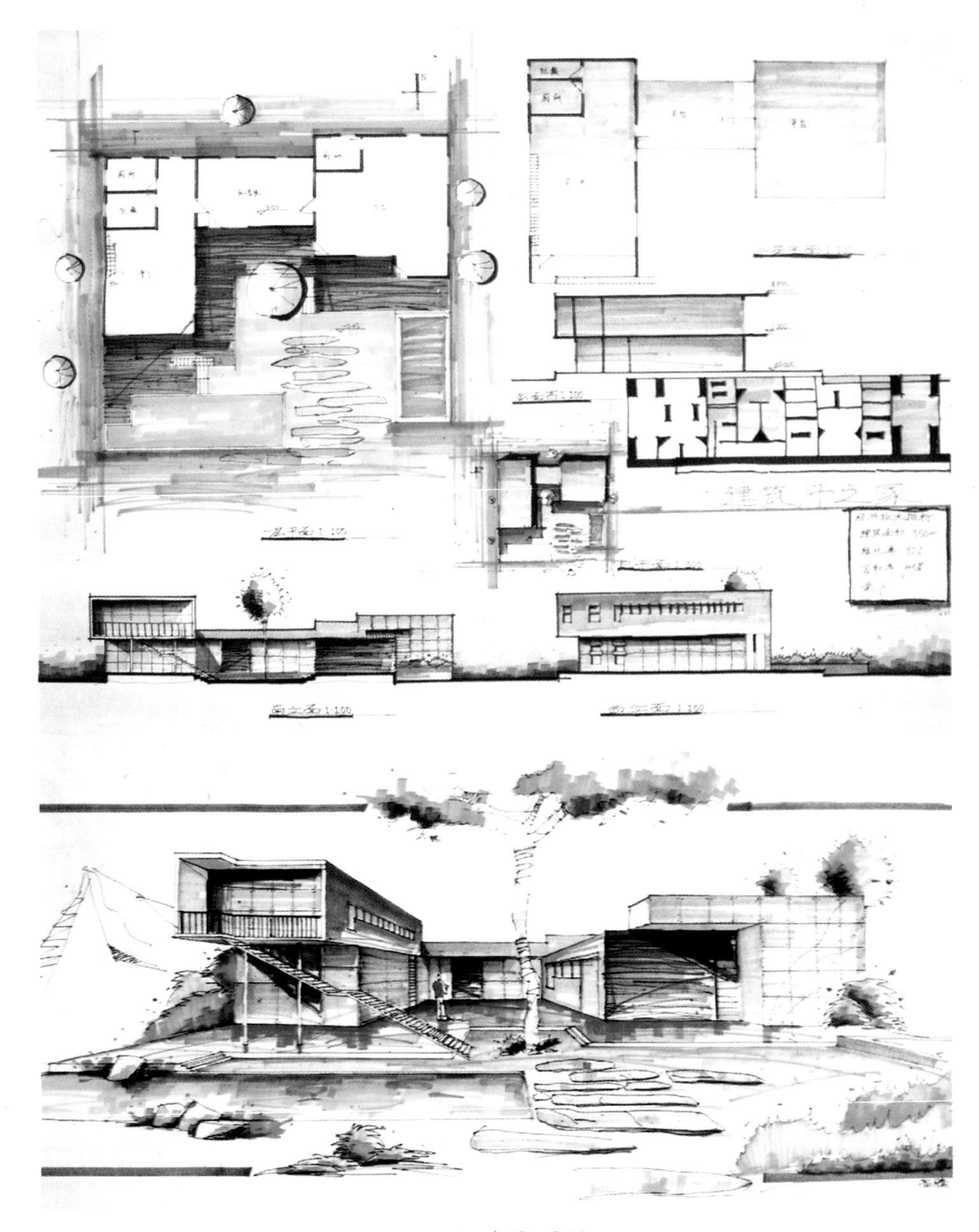

• 10-15-4 高腾 建学 05

10-15-4 解析与评语：

该快题练习作品排版井然有序，色彩丰富且呼应。一层平面的建筑主入口不够醒目，再者餐厅面积过大（可分出厨房部分），对于大空间部分宜局部采用框架结构，二层平面的设计深度欠佳，应将卧室、书房和工作室等房间内容进行划分。

总平面图对建筑形体关系表达较为明确，但缺乏对停车场地的规划与设计，另外树木也应画上阴影。立面图的设计元素表达适当，但地面线不应绘制高差，剖面图表达效果尚可，标注应标注完全。透视图采用一点透视，所表达内容较为丰富，钢笔线条、马克笔笔触及色彩运用较为娴熟。

10.16 其他类建筑

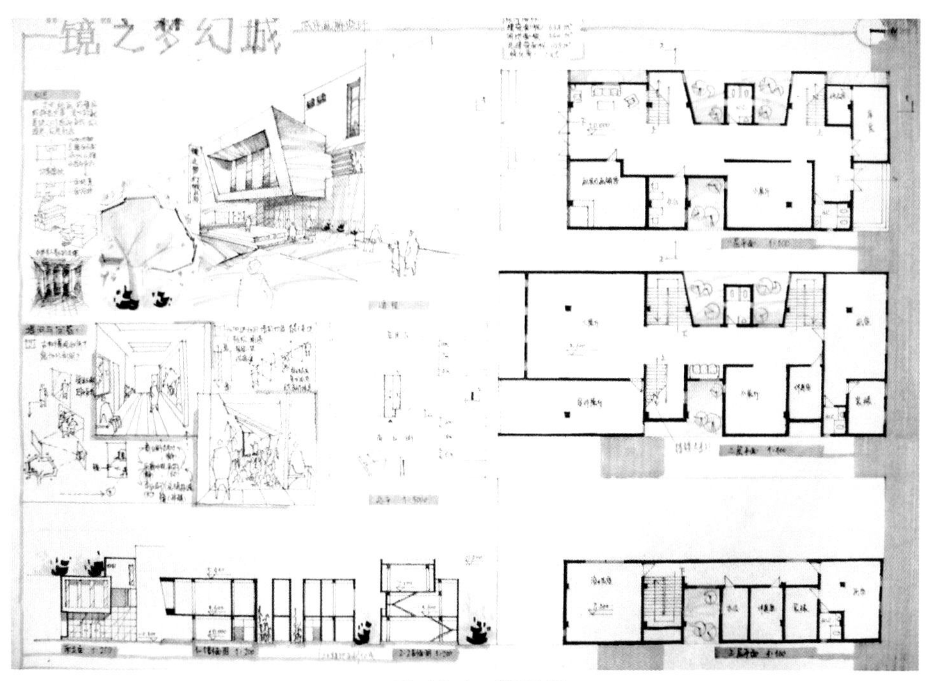

• 10-16-1　暂无名

10-16-1 解析与评语：

该设计题目为城市画廊快题设计，而该设计作品则是提交了一份优秀的答卷。首先版面布图紧凑有序，其次平面的功能流线井然且清晰。楼梯数量可减少，另西侧楼梯间两旁的柱上梁会影响楼梯间的通行，应设法修正。

总平面方面源于设计题目要求的特殊性，只能是做成长条状，中部位置可考虑加设天窗。立面图与剖面图的表达效果尚可，剖面图的地面线应加粗。透视图所表达的画廊入口效果较好，二层的外突造型起到醒目与标志性的作用。

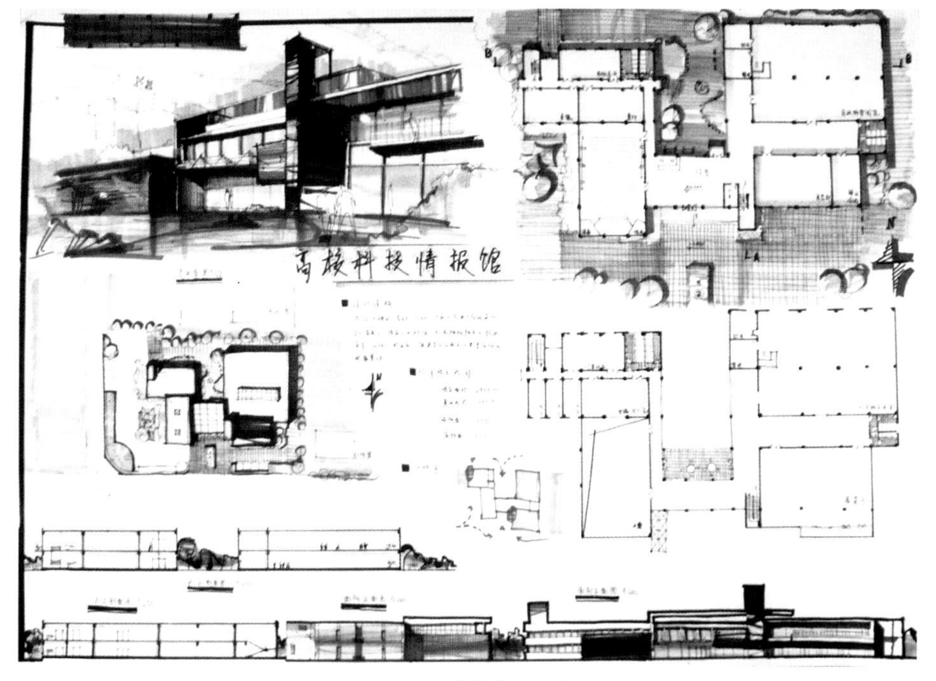

• 10-16-2 戴帼钰 环艺 07

10-16-2 解析与评语：

该设计题目为高校科技情报馆快题设计，该练习作品版面构图良好，饱满度适中，色调搭配较为协调。平面布局大体为“U”字形模式，功能关系合理，二层平面左上部的办公室房间长宽比宜做调整（不应大于等于 2 比 1），再者平面柱网的分布应尽量均匀等距化，可进一步推敲改进。

总平面的设计元素表达较为充分，建筑形体关系清晰明确。立面图与剖面图的表达尚可，剖面图的标高没有标注完全。透视图的形体与色调明暗关系丰富且清晰，体现出一定分量感。

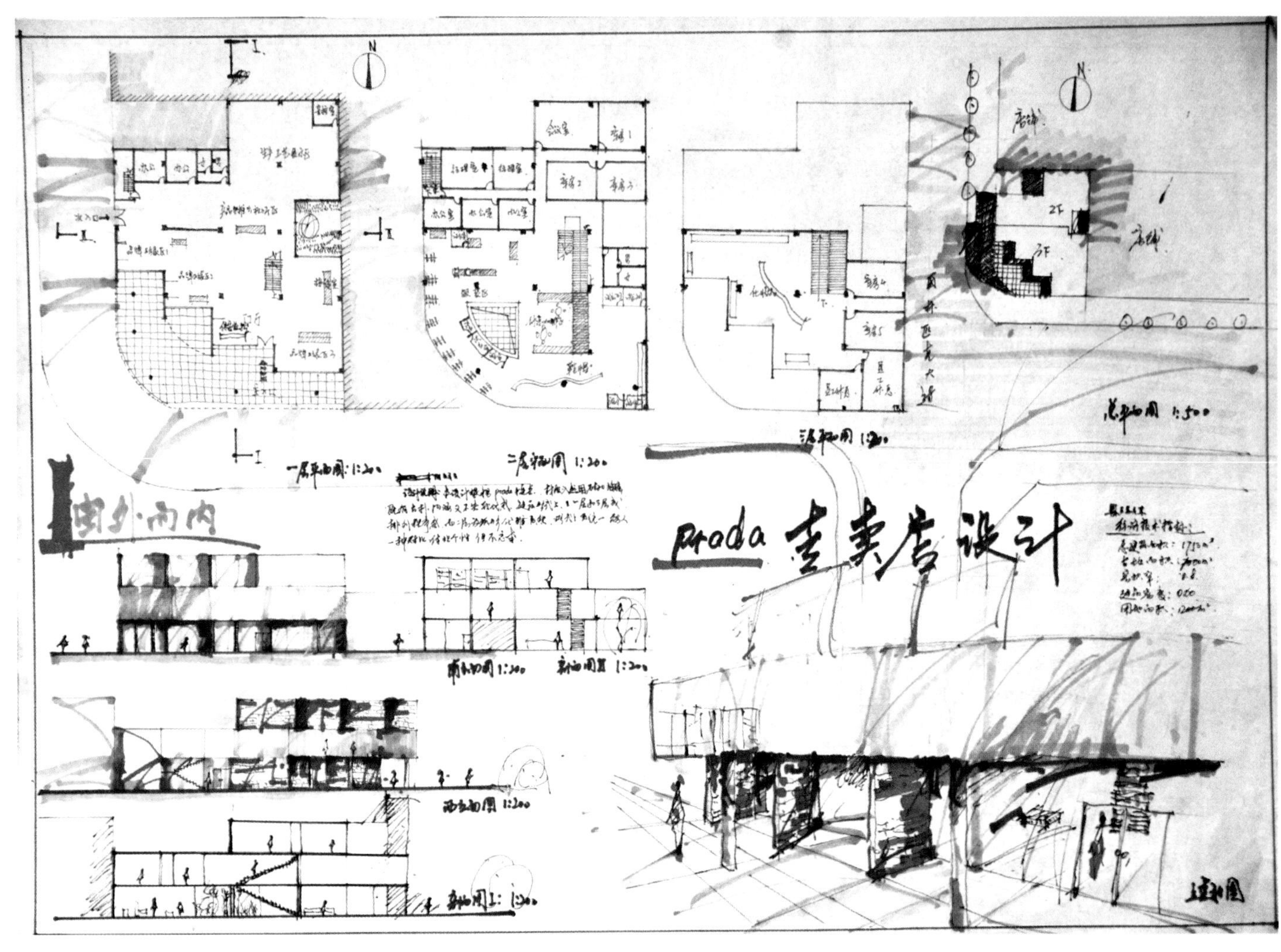

• 10-16-3 蔡文超 建学 05

10-16-3 解析与评语：

该设计题目为某品牌专卖店快题设计，可作为一种小型商业建筑的代表。该作品的版面构图均匀有致。平面门厅入口的品牌展示区通过大型落地窗的设置与室外柱廊所形成的室外灰空间相互渗透，二层中部的楼梯绘制有误，另有两间办公室没有直接采光不妥，三层平面的楼梯间亦绘制有误。

总平面布局中将该建筑位于街道转角处，照顾到两街的客流，且在转角处留有足够退让，从而避免了对行至此处机动车的视觉屏蔽干扰。立面效果尚可，剖面图没有绘制室内外高差以及梁看线。透视图能够抓住重点进行表达，虽用笔较为奔放，但若能进一步深入刻画则更佳。

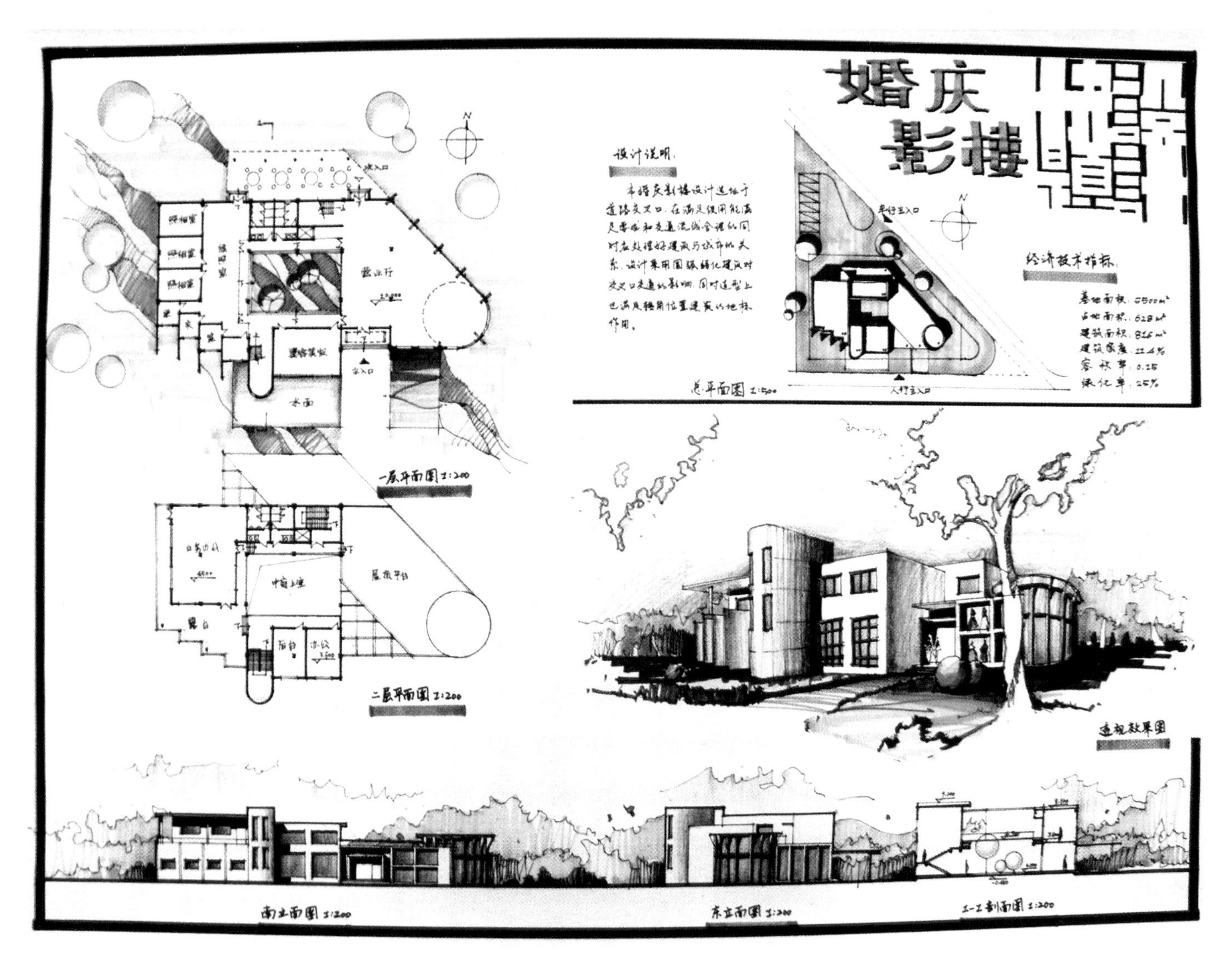

• 10-16-4　马骏　建学 06

10-16-4 解析与评语：

该设计题目为某婚庆影楼快题设计，该练习作品构图排版效果良好。平面布局的功能分区明确，一层平面的照相室需考虑解决西晒问题，柱网布置较为合理，二层平面的露台需考虑排水问题。

总平面的建筑形体与地形环境呼应协调，人车分流意识较好，表达深度适当。立面图与剖面图制图效果良好，剖面图里宜将楼梯扶手线与梁看线画上。透视图的形体造型较为丰富，色调通过彩铅与马克笔相结合的方式表达细腻，配景的简化处理手法得当。

后记

历经几年来编者对本书的推敲、筛选与整改，《建筑快题设计实用技法与案例解析》一书现终于得以收笔面世以飨读者，对此编者也感触颇深，一本经得起检验且实用的专业参考书的编著过程虽着实不易，但每一次的比较、取舍、改进、完善与优化也是在不断进步与升华，并伴随着欣慰和踏实的一路体验。现回想起来，与写作有关的种种片段又浮现于脑海：

同事们对编者向其请教关于某些平面类型出现设计矛盾时该如何取舍和改进时耐心严谨的指导讲解；

在筛选和更替某些优秀快题案例时，与其他编者出现分歧时的反复比较及抉择前的纠结；

在设计专业课和快题训练周等相关环节，为给学生进行相应的手绘示范并为能让大多数学生对示范内容的认可与满意，且示范作品能够入选书稿而形成对编者的巨大鞭策；

对只有电子版照片而原稿破损或不见踪迹的优秀学生快题作品，经过 photoshop 等软件“抢救”后却无果时的无奈；

在对市面上快题类书籍的学习参考，及编者对本书在该领域里需求面的思考与探索后，无形压力下所激发出本书的若干亮点与特色，这种突破本身又促成书稿完成的强大动力；

……

历经种种，同事的帮助，家人的鼓励，学生的期待，及编者自身的努力最终促成了本书的面世。

在此，特别致谢青岛理工大学建筑学院的郝赤彪院长对本书的过程稿多次进行悉心指导与鼓励。另外，感谢许从宝、徐飞鹏、刘学贤、徐强、王晓阳、赵琳、毕胜、张文辉、孙健、刘崇、郝占鹏、徐岩、余红霞、李承来、李莎莎、刘婕、邵峰、解旭东、聂彤和程然等诸位领导和同事对书稿内容提出的宝贵意见和鼎力的支持。

难忘并感谢东南大学建筑学院黎志涛教授在快速建筑设计方面曾经给予的悉心指导与睿智点拨。

此外，同济大学城市规划设计研究院的江军廷先生、上海现代设计集团的黄恕先生、中南建筑设计研究院的汤鹏先生、青岛市建筑设计研究院的孙加臻先生和李晓娟女士、青岛市腾远建筑设计事务所的唐金波先生和李真女士，以及清华大学建筑学专业2010级硕士研究生沈思同学、东南大学建筑学专业2011级硕士研究生吕超豪同学、同济大学建筑学专业2011级硕士研究生田玉龙同学和天津大学城市规划专业2011级硕士研究生高洁同学等友人、学生为本书提供了宝贵资料，特此致谢。

最后，衷心鸣谢机械工业出版社建筑分社的杨少彤社长及相关工作人员对此项研究给予的大力支持。

由于作者水平有限，尽管竭力避免，书中难免会有瑕疵或不妥之处，恳请各位专家学者和广大读者不吝赐教，发现有误之处或有其他宝贵的建议和意见请发至邮箱879692416@qq.com，不胜感谢！

编著者于青岛

参考文献

[1] 黎志涛．快速建筑设计方法入门 [M]．北京：中国建筑工业出版社，1999．

[2] 郝赤彪，郭晓兰．景观设计原理 [M]．北京：中国电力出版社，2009．

[3] 徐卫国．建筑设计指导丛书　快速建筑设计方法 [M]．北京：中国建筑工业出版社，2002．

[4] 郝赤彪．营匠录——青岛理工大学建筑学院教师作品选 [M]．天津：天津大学出版社，2010．

[5] 杨秉德．建筑设计方法概论 [M]．北京：中国建筑工业出版社，2009．

[6] 张文忠．公共建筑设计原理（第四版）[M]．北京：中国建筑工业出版社，2008．

[7] 罗文媛，王少飞．建筑设计初步 [M]．北京：清华大学出版社，2005．

[8] 刘学贤，王乐生，王涵乙．建筑绘图基础 [M]．北京：机械工业出版社，2010．

[9] 卢健松，姜敏．从速写到设计—建筑师图解思考的学习与实践 [M]．北京：中国建筑工业出版社，2008．

[10] 林玉莲，胡正凡．环境心理学 [M]．2 版．北京：中国建筑工业出版社，2006．

[11] 唐玉恩，张皆正．旅馆建筑设计 [M]．北京：中国建筑工业出版社，1993．

[12] 黎志涛．幼儿园建筑设计 [M]．北京：中国建筑工业出版社，2006．

[13] 章竟屋．汽车客运站建筑设计 [M]．北京：中国建筑工业出版社，2000．

[14] 邓雪娴，周燕珉，夏晓国．餐饮建筑设计 [M]．北京：中国建筑工业出版社，1999．

[15] 邹瑚莹，王路，祁斌．博物馆建筑设计 [M]．北京：中国建筑工业出版社，2002．

[16] 胡仁禄．休闲娱乐建筑设计 [M]．北京：中国建筑工业出版社，2001．

[17] 李津，彭军．写生・设计 [M]．天津：天津大学出版社，2004．

[18] 王耀武，郭雁．规划快题设计作品集 [M]．上海：同济大学出版社，2009．

[19] 潘金瓶．景观快题设计与表现系列丛书　广场与休闲空间 [M]．大连：大连理工大学出版社，2011．

[20] 现行建筑设计规范大全 [M]．北京：中国建筑工业出版社，2002．

[21] 闫寒．建筑学场地设计 [M]．北京：中国建筑工业出版社，2006．

[22] 张宗尧，李志民．中小学建筑设计 [M]．北京：中国建筑工业出版社，2000．

[23] R ·麦加里，G·马德里．美国建筑画选—马克笔的魅力[M]．白晨曦，南舜薰，译．北京：中国建筑工业出版社，1996．

[24] 迈克·林．美国建筑画[M]．司小虎，译． 郑州：河南科学技术出版社，1990．

[25] 单德启．现代建筑画选——钢笔建筑画[M]．天津：天津科学技术出版社，1995．

[26] 张举毅．建筑画表现法[M]．长沙：湖南大学出版社，1997．

[27] 刘先觉．现代建筑理论[M]．北京：中国建筑工业出版社，1999．

[28] 夏克梁．夏克梁麦克笔建筑表现与探析 [M]．2 版．南京：东南大学出版社，2010．

[29] 马克辛．诠释手绘设计表现[M]．北京：中国建筑工业出版社，2006．

[30] 洪惠群，陈莉平．手绘表现技法[M]．广州：华南理工大学出版社，2005．

[31] 李钢．马克笔建筑表现技法[M]．武汉：华中科技大学出版社， 2007．

[32] 周燕珉，等．《清华大学建筑学院设计系列课教案与学生作业选——二年级建筑设计》[M]．北京：清华大学出版社，2008．

[33] 徐卫国等．《清华大学建筑学院设计系列课教案与学生作业选——三年级建筑设计》[M]．北京：清华大学出版社，2008．

[34] 刘育东．建筑的涵义[M]．天津：天津大学出版，1999．

[35] 王庭熙．建筑师简明手册[M]．北京：中国建筑工业出版社，1999．

[36] 陈新生．建筑师图形笔记[M]．北京：机械工业出版社，2008．

[37] 建筑世界编．2002 韩国建筑设计竞赛年鉴[M]．天津：天津大学出版社，2002．

[38] 香港日瀚国际文化有限公司编．中国建筑与表现年鉴·2006——办公建筑[M]．武汉：华中科技大学出版社，2006．

[39] 香港日瀚国际文化有限公司编．中国建筑与表现年鉴·2006——商业建筑[M]．武汉：华中科技大学出版社，2006．

[40] 香港日瀚国际文化有限公司编．中国建筑与表现年鉴·2006——文化建筑[M]．武汉：华中科技大学出版社，2006．

[41] 香港日瀚国际文化有限公司编．中国建筑与表现年鉴·2006——居住建筑[M]．武汉：华中科技大学出版社，2006．

[42]《建筑设计资料集》编委会．建筑设计资料集（1—10)[M]．北京：中国建筑工业出版社，1995．

[43] 黎志涛．一级注册建筑师考试建筑方案设计（作图）应试指南 [M]．北京：中国建筑工业出版社，1999．

[44] 保罗·拉索．图解思考——建筑表现技法 [M]．北京：中国建筑工业出版社，2002．

[45] 董莉莉，姚阳．浅谈建筑学专业快题设计的应试技巧 [J]．高等建筑教育，2006(3)．

[46] 谢宏杰．建筑设计教学中八小时快题的设计与解答 [J]．华中建筑，2000(8)．

[47] 韩军，姜勇．"快题设计"课程创新研究 [J]．科教文汇，2008(2)．

[48] 崔恺．遗址博物馆设计浅谈 [J]．建筑学报，2009(4)．

[49] 汤海孺，顾倩．城市规划展览馆布展策划研究——以杭州为例 [J]．规划师，2009(3)．

[50] 王晓静，王润生．建筑中的技术、艺术及文化关系探析 [J]．华中建筑，2004(5)．

[51] 解旭东，郝赤彪．李云飞．论建筑造型的结构动因 [J]．青岛理工大学学报，2005(6)．

[52] 黄筱蔚．建筑快速设计课程教学法探讨 [J]．高等建筑教育，2007(2)．

[53] 鲍家声．建筑教育面临的形式与任务——第三届建筑学专业指导委员会工作意见 [J]．建筑学报，1999(1)．

[54] 竺晓军．高山引箭蓄势待发——建筑设计教学的"快题教学法" [J]．江苏建筑，1999(4)．